湖南省洪水风险区划及洪灾防治区划

魏永强 等 著

长江出版社
CHANGJIANG PRESS

《湖南省洪水风险区划及洪灾防治区划》

编审组

审　　定　杨诗君　黎军锋

审　　查　刘志强　伍佑伦　吕石生　常世名

审　　核　李永刚　盛　东　刘燕龙　易知之

　　　　　胡　可　欧明武

主　　编　魏永强　申志高　李　平　赵伟明

参编人员　汪　敏　王　舟　刘燕龙　仇建新

　　　　　吕　倩　谭　军　周　翀　李如意

　　　　　杨　扬　胡颖冰　田　昊　赵志尧

　　　　　李　元　尹　卓　潘洋洋　周　煌

　　　　　彭丽娟　张梦杰

2016年6月15日，湘水支流涓水发生超历史水位洪水

2016年7月4日，溆浦县城受淹

2017年7月2日，湘江长沙橘子洲河段大洪水

2019年6月，湘西州古丈县山洪房屋受灾

2020年7月6日，常德市石门县所街乡黄虎港村受淹

2022年7月，永州市江永县永明河沿岸农作物受灾

前言

PREFACE

洪水灾害历来是中华民族的心腹之患，是我国主要的自然灾害之一，造成的直接经济损失占各类自然灾害总损失的70%左右。我国有超过60%的国土面积、90%以上的人口均受到不同程度的洪水威胁，重要城市、重要基础设施和粮食主产区主要分布在江河沿岸以及沿海地区，人口分布和生产力布局与洪水风险区域高度重叠。湖南省是全国受洪水灾害影响较严重的省份之一，受特殊地理位置、气候和水系等因素的影响，湖南省洪水灾害易发频发，往往造成村镇、农田被淹，交通阻隔，江河决堤，水库漫坝等灾害，损失重大，严重威胁人民群众生命财产安全，制约着湖南省经济社会的可持续发展。

新中国成立以来，湖南省建成了一大批洪水灾害防治工程设施，形成了一定规模的洪水灾害防御体系，取得了显著成效。但由于这些工程大多兴建于20世纪60—70年代，建设标准不高、工程配套不完善、老化失修情况严重，导致水库病险多、堤防建设不达标、未闭合、基础防洪工程设计不完善等问题仍然突出，流域整体洪水灾害防御能力受到很大的限制。由于人们主动防灾避险意识不强，开发建设侵占河道，乱弃、乱建、乱挖现象严重，河道不断淤塞，泄洪能力大大萎缩；山区中小城镇和乡村防洪工程基础薄弱，甚至有的处于无防护状态，一旦发生洪水则受灾严重。再加上流域防洪缺乏统一的管理，区域之间、部门之间协调性不强，流域性洪水灾害也时常发生。总体而言，湖南省洪水灾害防御能力有限，洪水灾害风险管理能力比较薄弱。

党和国家非常重视防灾减灾救灾工作，党的十八大以来，以习近平同志为核心的党中央将防灾减灾救灾摆在更加突出的位置，为新时代防灾减灾救灾工作指明了方向、提供了重要遵循。2018年10月10日，习近平总书记在中央财经委员会第三次会议上强调，要建立高效科学的自然灾害防治体系，提高全社会自然灾害防治能力，为保护人民群众生命财产安全和国家安全提供有力保障。针对关键领域和薄弱环节，明确提出实施灾害风险调查和重点隐患排查工程，掌握自然灾害风险隐患底数。2019年11月29日，习近平总书记在中央政治局第十九次集体学习时强调，要加强风险评估和监测预警，开展第一次全国自然灾害综合风险普查。2020年5月31日，国务院办公厅印发《国务院办公厅关于开展第一次全国自然灾害综合风险普查的通知》(国办发〔2020〕12号)，决定于2020—2022年分两个阶段开展第一次全国自然灾害综合风险普查工作，主要任务是完成全国自然灾害综合风险调查和风险评估，为提升自然灾害防治能力提供基础性支撑。

为深入贯彻落实习近平总书记关于做好防灾减灾救灾工作"两个坚持，三个转变"理念的总体要求，湖南省水利厅成立了湖南省水旱灾害综合风险普查工作领导小组，积极部署全省水旱灾害风险普查工作，下好全省水旱灾害风险普查"一盘棋"。在湖南省水旱灾害风险普查的基础上，开展洪水灾害风险区划与防治区划工作，为第一次全国自然灾害综合风险普查、湖南省洪水灾害风险管理提供重要的基础支撑。

本书首先阐述了洪水风险区划和洪水灾害防治区划的概念和意义；整理了湖南省历史典型洪水灾害资料，剖析了洪水灾害的综合孕灾条件、成因和特征等实际情况；基于洪水灾害防御体系建设情况和防洪工程隐患调查情况，系统地分析了湖南省洪水灾害现状防御能力水平；依据相关的科学技术要求和方法，选取以长沙县为代表进行案例分析，以全省122个县级行政区域洪水风险区划及洪水灾害防治区划成果为基础，首次对湖南省全省范围的洪水风险等级和洪水灾害防治能力等级进行了划分，明确了各区域的洪水风险和洪灾防治等级和具体范围，为提升湖南省洪水灾害风险动态管理能力提供重要基础参考；根据湖南省洪水风险区划及洪水灾害防治区划成果提出了一些可行的应对策略，指导湖南洪水灾害防御能力建设的提升；最后，对洪水风险及洪灾防治区划成果在数字化、预报预警、城市规划建设、洪水保险、科学调度等方面作了详细的应用介绍，为洪水风险及洪水灾害风险区划成果的应用推广指出方向。

本书可为湖南省洪水灾害防治工作提供一定的理论与技术支撑。希望本书的出版有助于提升湖南省洪水灾害风险动态管理水平，推动水利信息化的科学发展与应用，并能够为全国从事洪水灾害防治、城市规划建设等领域的设计、科研和管理人员提供参考。

本书在编写过程中，参阅了许多公开出版的书籍和公报，并已将参考文献列于本书正文之后。同时，本书得到了湖南省水利厅、湖南省水旱灾害防御事务中心、湖南省洞庭湖水利事务中心、湖南省水文水资源勘测中心、湖南省气候中心等单位的大力支持及多位专家、学者、领导提出的宝贵修改意见。在此，一并表示真诚的感谢。

洪水风险及洪水灾害防治区划涉及的时空范围甚广，基础数据信息量大，采用的技术方法多，加之编者水平有限，书中疏漏和不足之处在所难免，敬请广大读者和同行专家批评指正。

作　者

2023年6月于长沙

目录

CONTENTS

第1章 绪 论 …… 1
1.1 洪水风险及区划概念 …… 1
1.1.1 洪水及洪水灾害 …… 1
1.1.2 洪水风险 …… 2
1.1.3 洪水风险区划与防治区划 …… 4
1.2 洪水风险区划与防治区划必要性 …… 5
1.2.1 新时期对防灾减灾救灾工作提出了新要求 …… 5
1.2.2 洪水风险管理能力与新时代要求存在差距 …… 6
1.2.3 为湖南高质量发展提供重要基础支撑 …… 7
第2章 湖南省洪水灾害及防治现状 …… 8
2.1 基本情况 …… 8
2.1.1 地理位置 …… 8
2.1.2 地形地貌 …… 8
2.1.3 气象水文 …… 10
2.1.4 河流水系 …… 11
2.1.5 社会经济 …… 20
2.2 历史洪水灾害 …… 20
2.2.1 历史洪灾概况 …… 20
2.2.2 典型洪灾事件 …… 23
2.3 洪水灾害防治现状 …… 30
2.3.1 工程措施 …… 30
3.3.2 非工程措施 …… 34

第 3 章　湖南省洪水灾害成因与特征 …… 36
3.1　洪水灾害成因 …… 36
3.1.1　降雨 …… 36
3.1.2　地形地貌 …… 39
3.1.3　人类活动 …… 40
3.2　洪水灾害特征 …… 41
3.2.1　洪水灾害易发频发 …… 41
3.2.2　洪灾区域特征明显 …… 41
3.2.3　山洪灾害突发性强 …… 43
3.2.4　洪水灾害损失严重 …… 46
3.2.5　洪水组合复杂多变 …… 48
第 4 章　湖南省洪水风险评估与区划 …… 50
4.1　洪水风险评估与区划技术路线 …… 50
4.1.1　洪水风险区划原则 …… 50
4.1.2　洪水风险评估与区划技术路线 …… 50
4.2　县域洪水风险评估 …… 52
4.2.1　洪水风险三区划分 …… 52
4.2.2　洪水风险区划单元划分 …… 56
4.2.3　洪水风险要素分析计算 …… 61
4.3　县域洪水风险等级划分 …… 86
4.3.1　风险等级划分标准 …… 86
4.3.2　风险等级聚类分析 …… 91
4.4　湖南省洪水风险评估与区划 …… 92
4.4.1　洪水风险分析评估 …… 92
4.4.2　洪水风险等级区划 …… 98

第 5 章　湖南省洪水灾害防治区划与应对策略 …… 100
5.1　洪水灾害防治能力现状调查分析 …… 100
5.1.1　调查分析范围及内容 …… 100
5.1.2　防洪工程调查分析方法 …… 101
5.1.3　湖南省现状防洪能力分析 …… 102
5.2　洪水灾害防治等级区划 …… 103
5.2.1　洪灾防治区划技术方法 …… 103
5.2.2　洪水灾害防治区划单元划分 …… 103
5.2.3　洪灾防治等级区划与分析 …… 104
5.3　湖南省洪水灾害防治策略 …… 115
5.3.1　完善流域防洪规划 …… 115
5.3.2　强化防洪工程建设 …… 115
5.3.3　加强流域统一管理 …… 116
5.3.4　提升现代化管理水平 …… 116
5.3.5　深化基础性研究 …… 116
第 6 章　湖南省洪水风险区划成果应用 …… 118
6.1　区划成果数字化应用 …… 118
6.1.1　区划成果与防汛系统平台数字融合 …… 118
6.1.2　水旱灾害风险管理系统开发应用 …… 118
6.2　区划成果推广应用 …… 121
6.2.1　辅助流域防洪工程精准调度 …… 121
6.2.2　科学强化监测预警能力建设 …… 121
6.2.3　指导完善洪水灾害防御预案 …… 122
6.2.4　辅助城乡规划建设 …… 122
6.2.5　推动洪水保险良性发展 …… 122
参考文献 …… 124
附图 …… 128

第1章 绪 论

1.1 洪水风险及区划概念

1.1.1 洪水及洪水灾害

1.1.1.1 洪水

本书所称洪水是指由降雨导致河道水位在较短时间内明显上涨的大流量水流现象，也指由暴雨或水库漫(溃)坝等引起江河水量迅速增加及水位急剧上涨的自然现象。根据洪水形成的直接原因，湖南省的洪水类型主要包括暴雨洪水、山洪、溃坝洪水、湖泊洪水等。

(1)暴雨洪水

暴雨洪水是由较大强度的降雨而形成的洪水，简称雨洪，是湖南省最主要的洪水。

(2)山洪

山洪是山区溪沟中发生的暴涨暴落洪水。由于山区地面和河床坡降都较陡，降雨后产流、汇流都较快，形成急剧涨落的洪峰，因此山洪具有突发性、水量集中、流速大、冲刷破坏力强、水流中挟带泥沙甚至石块等特点，常造成局部性洪灾。

(3)溃坝洪水

溃坝洪水，是水库大坝或其他挡水建筑物瞬时溃决，发生水体突泄所形成的洪水。破坏力远远大于一般暴雨洪水。

(4)湖泊洪水

由于河湖水量交换或湖面大风作用或两者同时作用，均可发生湖泊洪水。吞吐型湖泊，当入湖洪水遭遇和受江河洪水严重顶托时，常产生湖泊水位剧涨，因盛行风的作用，引起湖水运动而产生风生流，引发洪水。

1.1.1.2 洪水灾害

洪水灾害泛指洪水泛滥、暴雨积水和土壤水分过多对人们生产、生活乃至生态环境造成的灾害。

洪水灾害的主要类型有山洪地质灾害、水库垮坝、闸（泵）垮塌、堤防溃漫、城市内涝、堤垸内涝等。其次生、衍生灾害主要有环境污染、水源污染、食品污染、病毒滋生等。

1.1.2 洪水风险

洪水风险是指发生由洪水造成损失与伤害的可能性，洪水风险往往涉及人与自然之间、人与人之间基于洪水风险的利害关系。洪水风险主要集中在山区、江河和湖泊附近的地区。

洪水风险是永恒的，也是当代治水活动中新兴的一个理念。对洪水风险的研究，首先应该强调的是寻求一种更加合理的治水理念，一种更为有效的治水模式。研究的目的是协调处理好人与洪水之间、人与人之间基于洪水风险的利害关系，以利于解决沿袭传统治水理念与方法难以处理的治水新问题。

根据洪水风险特征，可将洪水风险分为以下几种类型：

（1）积极风险与消极风险

由于洪水风险具有利害两重性，可将其区分为积极风险与消极风险。

积极风险：①如发生洪水，可以补充水源，改良土壤，改善环境，对于半干旱地区尤为重要；对于此类风险，关键不是消除洪水事件本身，而是如何趋利避害，比如通过控制洪水的淹没范围、淹没深度、淹没时间等，尽量减少损失。②适当承担风险而得其利。如水库汛期超汛限水位蓄水，以防备当年水库上游少雨的情况，提高供水保证率。但是因此可能增大水库应急泄洪的概率，虽然风险大，但是也能为后期的灌溉、饮水等用水安全提供保障。

消极风险：比如病险水库，汛期不能正常发挥调蓄洪水的功能，一旦溃坝，造成毁灭性的灾难。消极风险是一种必须全力预防、尽力消除的风险。

（2）短期风险与长期风险

洪水的风险持续时间的长短，可以分成短期风险与长期风险。

短期风险：①近期内存在的风险，后果可能较明确。比如施工期间的水库与

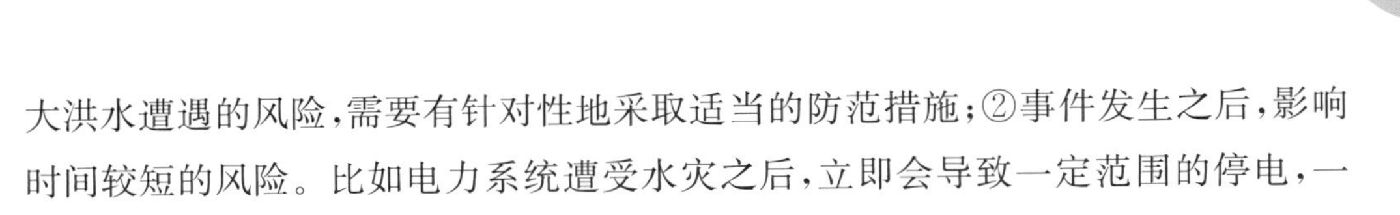

大洪水遭遇的风险，需要有针对性地采取适当的防范措施；②事件发生之后，影响时间较短的风险。比如电力系统遭受水灾之后，立即会导致一定范围的停电，一旦险情与故障排除，供电即能恢复正常。

长期风险：①影响长期存在的风险。水库建设之后，水库上游库区土地面临新增的水库高水位蓄洪时受淹的风险。②影响要在较长时间之后才可能显现出来的风险事件，部分后果可能是明确的，如水利工程老化后产生的风险。

(3)可承受风险与不可承受风险

根据洪水事件对承灾体影响的程度，可以将风险分为可承受风险与不可承受风险。

可承受风险：洪水淹没范围、受灾人口、人员伤亡与资产损失等占相应各项指标的比重很小，不至于引起社会的动荡、金融的波动、秩序的紊乱、企业的破产、大量的伤亡等。少数重灾区能够得到社会的有效救援，快速恢复重建。

不可承受风险：损失占家庭、企业与社会资产的比重过大，严重妨碍了正常的生产、生活秩序，超出社会的救助能力、导致社会的紊乱与经济的波动、短期内无力消除水灾损失的恶劣影响等。

显然，风险的可承受性是一个相对的概念。只有在发展经济的同时，加强防灾减灾体系的建设，有效抑制水灾损失急速增长的趋势，才可能提高水灾的承受能力。对于不可承受风险，则必须要考虑建立合理的分担风险措施，使得风险在事件与空间上化解为可承受风险，以减少特大洪涝灾害对社会经济的冲击。

(4)固有风险与附加风险

根据区域间洪水风险的关系，可以将风险区分为固有风险和附加风险。

固有风险：指区域本身可能面临的风险，如蓄滞洪区，历史上都是调蓄天然洪水的相对低洼的地区。在没有分洪工程的情况下，本身就面临着受淹的可能性。

附加风险：指局部地区防洪标准提高之后使得其他地区风险加重的部分。例如，由于重要地区确保安全而使得其他地区损失加重部分的风险。附加风险应该得到受益地区的补偿。

(5)内部风险与外部风险

按照发展与防洪两大系统来说，洪水风险可以分为内部风险与外部风险。

内部风险：防洪体系本身产生的风险，如溃坝风险、溃堤风险、洪水预报失误造成的风险，防汛抢险措施失当的风险，防洪调度指挥失误的风险等。

外部风险：防洪体系所面对的自然系统、社会系统各方面存在的各种风险。

(6)可控制风险与不可控制风险

根据洪水的规模与实际控制的能力，洪水事件的风险可以区分为可控制风险与不可控制风险。

可控制风险：在监测、预测、调度指挥及工程系统可靠的情况下，处于控制能力之内的风险，在法律制度完善与执法系统得力的情况下，人为造成的可及时控制的风险。

不可控制风险：超标准风险，失去约束的人为加重的风险。

(7)可回避风险与不可回避风险

根据区域洪水的特性与成灾体的特性，洪水风险可以区分为可回避风险与不可回避风险。

可回避风险：通过采取必要的措施，在洪水期间可以回避的风险。

不可回避风险：在洪水期间无有效措施可供采取的无以回避的风险。

1.1.3 洪水风险区划与防治区划

区划即区域划分，属地理学研究范畴，泛指在全球、国家或地区范围内，根据研究地域对象特征的相对一致性和差异性原则，将其划分成众多处于不同等级水平的区域，借以反映地域、地带的要素组成。

(1)洪水风险区划

洪水风险区划是指基于对流域、区域的洪水特征和淹没情况的分析，拟定不同区划分析方案，在综合集成不同量级洪水淹没程度的基础上，在各地暴雨、洪水、地形、河流水系等自然因素，人口分布、GDP等经济社会因素，以及历史洪水发生情况及其灾害影响范围与程度的基础上，对不同地区受洪水威胁及其形成灾害的程度进行区划，选用适宜的分析方法，将相应区域划分为极高、高、中、低4类风险级别，形成洪水风险区划图，并以图件的形式整体反映流域、区域内不同地块洪水危险性的差异。

洪水风险区划主要以综合风险度为表征，反映多个量级洪水综合淹没(或多个频率降水综合影响)情况下，洪水风险的空间分布特征以及区域洪水风险程度的差异性。

(2)洪水灾害防治区划

洪水灾害防治区划是指开展所需气候气象、地形地貌、社会经济、洪涝灾害、防洪标准、防洪能力等方面数据整理调查、补充完善与分析计算,根据洪水风险区划中确定的不同区域洪水风险等级信息,基于区内相似性与区间差异性,运用系统分析、空间计算等方法,完成洪水灾害重点、中等、一般防治区划定,并绘制流域或区域洪水灾害防治区划图。

洪水灾害防治区划是以流域、区域防洪功能类型、洪水风险大小和治理标准为主要表征,反映流域区域防洪体系布局、防洪治理紧迫性和防洪治理策略等差异性。

1.2 洪水风险区划与防治区划必要性

1.2.1 新时期对防灾减灾救灾工作提出了新要求

党的十八大以来,以习近平同志为核心的党中央将防灾减灾救灾摆在更加突出的位置,多次就防灾减灾救灾工作作出重要指示,提出了一系列新理念新思路新战略,深刻回答了我国防灾减灾救灾的重大理论和实践问题,充分体现了以人民为中心的发展思想,彰显了尊重生命、情系民生的执政理念,为新时代防灾减灾救灾工作指明了方向、提供了重要遵循。

2016年7月28日,习近平总书记提出"两个坚持、三个转变"防灾减灾救灾理念,即"坚持以防为主、防抗救相结合,坚持常态减灾和非常态救灾相统一,从注重灾后救助向注重灾前预防转变,从应对单一灾种向综合减灾转变,从减少灾害损失向减轻灾害风险转变"。这一科学理念,为做好防汛抗洪工作提供了强大的思想武器。

2018年10月10日,习近平总书记主持召开中央财经委员会第三次会议,研究提高我国自然灾害防治能力等问题。会议强调,我国自然灾害防治能力总体还比较弱,加强自然灾害防治关系国计民生,要建立高效科学的自然灾害防治体系,提高全社会自然灾害防治能力,为保护人民群众生命财产安全和国家安全提供有力保障。针对关键领域和薄弱环节,明确提出实施灾害风险调查和重点隐患排查工程,掌握自然灾害风险隐患底数。这是实现"两个一百年"奋斗目标、实现中华民族伟大复兴中国梦的必然要求,是关系人民群众生命财产安全和国家安全的大事。

2019年11月29日,习近平总书记在主持中共中央政治局第十九次集体学习时强调，要加强风险评估和监测预警，加强对危化品、矿山、道路交通、消防等重点行业领域的安全风险排查，提升多灾种和灾害链综合监测、风险早期识别和预报预警能力。摸清风险隐患底数，是开展风险评估和监测预警的基础。灾害风险调查和重点隐患排查工程是自然灾害防治的九项重点工程之一，是提高我国自然灾害防治能力的重要工作。

为深入贯彻落实习近平总书记防灾减灾救灾重要指示精神，坚决践行"两个坚持、三个转变"新理念，坚持人民至上、生命至上，抓紧抓实防灾减灾救灾各项工作，全面提升抵御自然灾害的综合防范能力。按照国家减灾委员会办公室关于印发《全国灾害综合风险普查总体方案》(国减办发〔2019〕17 号)和国务院办公厅关于开展《第一次全国自然灾害综合风险普查》(国办发〔2020〕12 号)的通知要求，完成了湖南省水旱灾害风险普查。湖南省洪水风险区划及洪灾防治区划作为水旱灾害风险普查的重要内容之一，为第一次全国自然灾害综合风险普查提供支撑，是适应新时期防灾减灾救灾新理念的具体体现。

1.2.2　洪水风险管理能力与新时代要求存在差距

从自然地理和气候特征来看，湖南省洪水灾害将长期存在，并有突发性、反常性、不确定性等特征。随着经济社会的发展，河湖调蓄能力下降、居民饮水安全保障程度不高等问题也对防洪、供水及生态安全提出新的挑战，湖南省洪水风险管理工作还存在薄弱环节。

据湖南省洪水灾害风险调查与重点隐患排查，湖南省洪水灾害防御体系基础相对比较薄弱，洪水灾害防御任务仍然艰巨，风险管理有待加强。人类活动影响下自然地理条件的变化及现有防洪体系仍存在薄弱环节，导致湖南高质量发展仍然受到洪水威胁。

(1)洪水调蓄空间萎缩

人水争地问题突出，洞庭湖面积由新中国成立初期的 $4350km^2$ 减少到现在的 $2625km^2$，许多开发建设活动随意改变水系、破坏水网，填湖造地、填塘造房，原有行洪通道被阻断或减小。受生产、生活、发展等人类活动影响，洞庭湖区防洪隐患突出。保护上千万人与千万亩耕地的重点垸、一般垸堤防达标率较低，存在砂基、险工险段等安全隐患；仅少量蓄洪垸具备分蓄洪条件；洞庭湖区沟渠淤塞、内湖萎缩，整体排涝能力只有 5～10 年一遇。城市调蓄水体与调蓄容积萎缩，排涝设施标准不高，稍遇大雨就看海。

(2)整体防洪能力不足

现有防洪体系仍存在薄弱环节,湘资沅澧四水流域整体防洪能力有待加强。各流域控制性水库工程洪水调蓄能力有限,目前仍有部分中小型水库、水闸带病运行;随着城市化进程加快,城市扩张、生产、生活、发展等人类活动影响带来相应防洪工程配套建设的任务更加繁重,城市防洪排涝问题比较突出;山洪灾害问题突出,山洪灾害点多面广,据统计,2020 年重点防治区面积约 3.85 万 km^2,占全省国土面积的 18%,涉及 100 多个县(市、区)。虽然通过全省水利普查和山洪灾害调查评价,基本查清水利发展现状和防洪工程建设情况,掌握了水文气象、地形地貌和社会经济等基础信息,但仍需系统开展水旱灾害风险调查和重点隐患调查工程,全面掌握风险隐患底数,补齐防洪体系短板,整体提高洪水灾害防御能力。

(3)洪水灾害风险管理能力较弱

目前,湖南省流域洪水风险管理、洪水风险图应用与社会规划及管理未实现全面高效有机结合,洪水风险图在土地利用、城乡规划和防洪管理等方面的应用缺乏法律法规和行政管理手段支撑,相关部门和社会公众接受程度不高,公众洪水风险意识不强。湖南省尚未建立起比较规范、系统的洪水灾害风险管理评估体系,不能全面准确评价洪水灾害对农业工业及城乡居民生活的影响、洪灾损失及减灾效益,难以满足新时期水旱灾害防御、防灾减灾救灾工作的现实需要。

1.2.3　为湖南高质量发展提供重要基础支撑

洪水风险区划与洪水灾害防治区划是防洪减灾科学决策、规划、管理的基础,是开展洪水风险管理、防灾减灾规划、防汛调度管理与预案制定、洪水影响评价和洪水保险以及相关法律法规制定的重要依据,能够直观反映全省各流域、区域洪水风险总体状况,确定防洪功能类型及其防治特征,明确区域内部洪水风险程度,以及防治标准和紧迫性的空间分布特征,为制定洪水灾害防御战略策略、防灾减灾规划、土地利用规划、城市建设发展规划、防洪减灾科学决策、防汛调度管理、预案制定、相关法律法规制定等提供基础依据,为进一步提高洪水风险管理能力提供技术支撑。

开展洪水风险区划与洪水灾害防治区划,提高洪水风险管理水平,并与水旱灾害防御工作深度融合,提升防灾减灾救灾能力,减轻和避免洪水灾害损失,为大力实施"三高四新"战略,推进湖南高质量发展,奋力谱写新时代中国特色社会主义湖南新篇章提供重要的基础支撑。

第2章 湖南省洪水灾害及防治现状

2.1 基本情况

2.1.1 地理位置

湖南省位于长江中游(图 2.1-1),省境绝大部分在洞庭湖以南,故称湖南;因省内最大河流湘江贯穿省境南北,故简称“湘”。地处东经 108°47′～114°15′,北纬 24°38′～30°08′;东以幕阜、武功诸山系与江西交界;西以云贵高原东缘连贵州;西北以武陵山脉毗邻重庆;南枕南岭与广东、广西相邻;北以滨湖平原与湖北接壤。省界极端位置,东为桂东县黄连坪,西至新晃侗族自治县韭菜塘,南起江华瑶族自治县姑婆山,北达石门县壶瓶山。东西宽 667km,南北长 774km。土地总面积 211829km^2,占全国土地总面积的 2.2%,在全国各省(市、区)中居第 10 位、中部第 1 位。

2.1.2 地形地貌

南地处云贵高原向江南丘陵和南岭山脉向江汉平原过渡的地带,属自西向东呈梯级降低的云贵高原东延部分和东南山丘转折线南端(图 2.1-2)。东面有山脉与江西相隔,主要是幕阜山脉、连云山脉、九岭山脉、武功山脉、万洋山脉和诸广山脉等,海拔大多在 1000m 以上。南面是由大庾、骑田、萌渚、都庞和越城诸岭组成的五岭山脉(南岭山脉)。西面有北东南西走向的雪峰武陵山脉,跨地广阔,山势雄伟,成为湖南省东西自然景观的分野。北段海拔 500～1500m,南段海拔 1000～1500m。石门境内的壶瓶山为湖南省境最高峰,海拔 2099m。湘中大部分为断续红岩盆地、灰岩盆地及丘陵、阶地,海拔在 500m 以下。北部是全省地势最低、最平坦的洞庭湖平原,海拔大多在 50m 以下,临湘谷花洲,海拔仅 23m,是省内地面最低点。因此,湖南省的地貌轮廓是东、南、西三面环山,中部丘岗起伏,北部湖盆平原展开,沃野千里,形成了朝东北开口的不对称马蹄形地形。全省地貌类型多样,有半高山、低山、丘陵、岗地、盆地和平原。大体可分为湘东侵蚀构造山丘区、湘南侵蚀溶蚀构造山丘区、湘西侵蚀构造山地、湘西北侵蚀构造山区、湘北冲积平原区及湘中侵蚀剥蚀丘陵区等 6 个地貌区。全省以山地、丘陵为主，山地面积 1084.9 万 hm^2，占全省总面积的 51.22%(包括山原面积 1.66%)；丘陵面积 326.27 万 hm^2，占 15.40%；岗地面积 293.8 万 hm^2，占 13.87%；平原面积 277.9 万 hm^2，占 13.12%；水面 135.33 万 hm^2，占 6.39%。

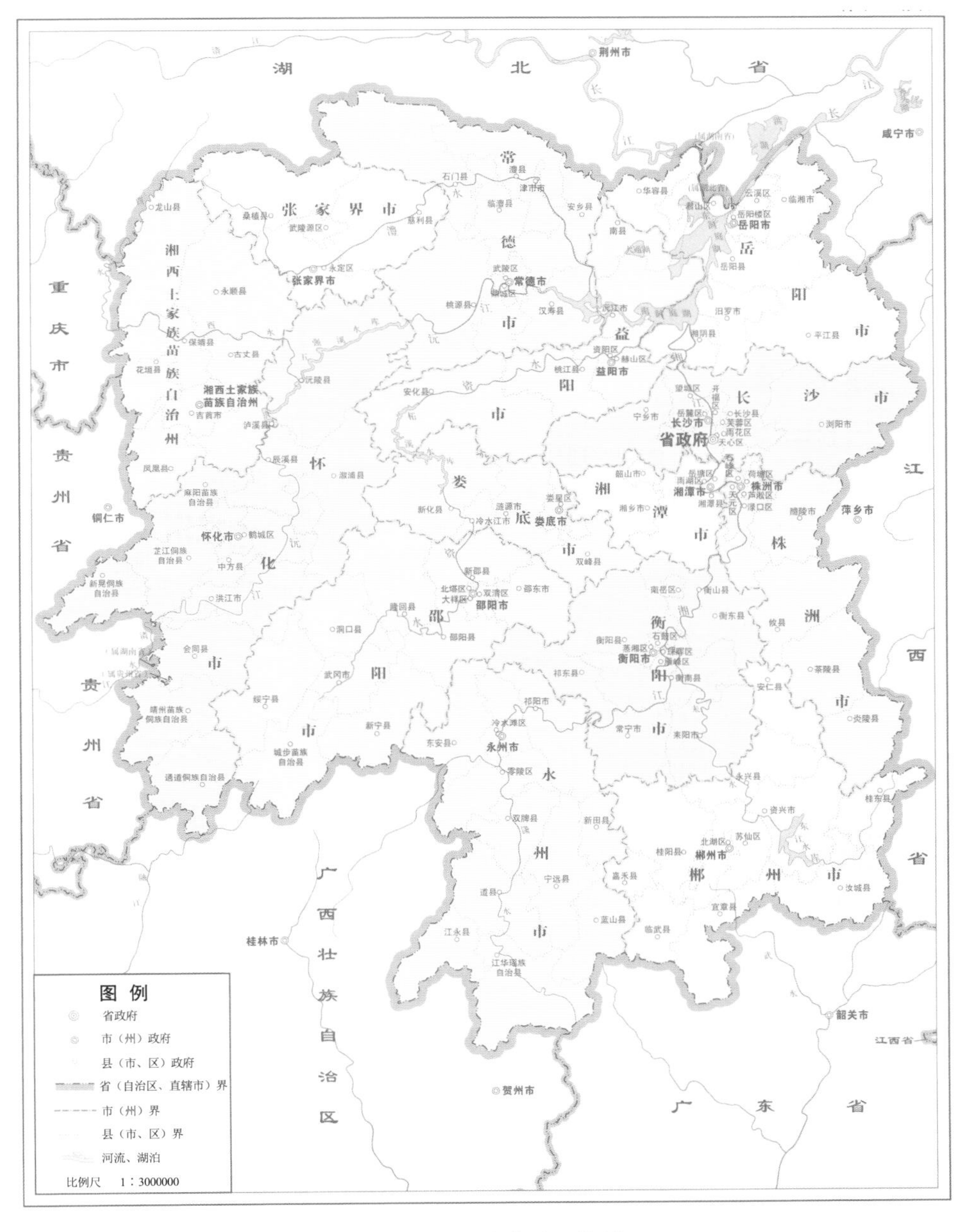

图 2.1-1 湖南省地理位置

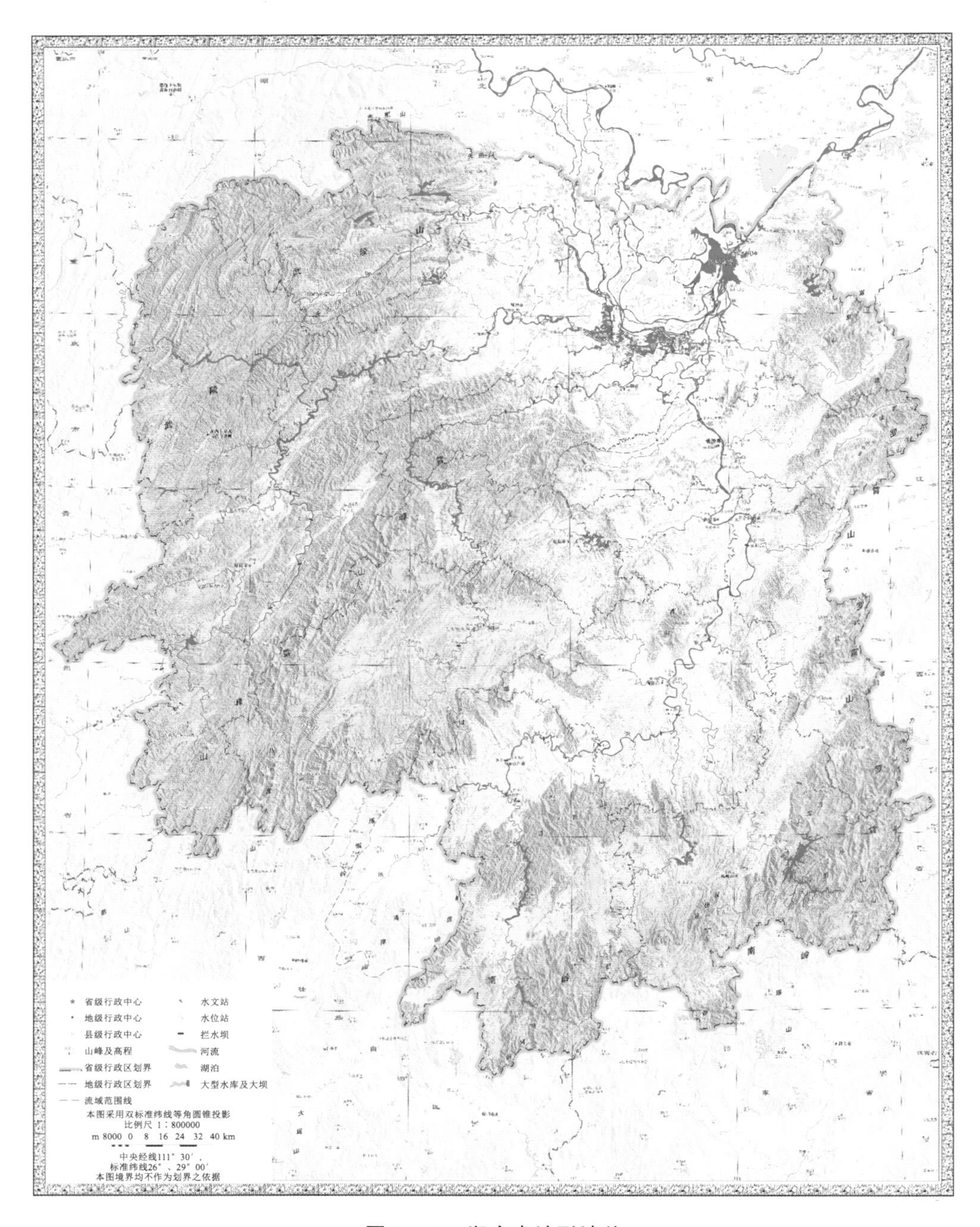

图 2.1-2 湖南省地形地貌

2.1.3 气象水文

湖南为大陆性亚热带季风湿润气候，气候具有3个特点：第一，光、热、水资源丰富，三者的高值又基本同步。第二，气候年内变化较大；冬寒冷而夏酷热，春温

多变，秋温陡降，春夏多雨，秋冬干旱；气候的年际变化也较大。第三，气候垂直变化最明显的地带为三面环山的山地，尤以湘西与湘南山地更为显著。湖南年日照时数为1300～1800h，湖南热量丰富。年气温高，年平均温度为15～18℃。湖南冬季处在冬季风控制下，而东、南、西三面环山，向北敞开的地貌特性，有利于冷空气的长驱直入，故一月平均温度多在4～7℃，湖南无霜期长达260～310d，大部分地区都在280～300d。湖南省全省雨量充沛，多年平均降水量为1450mm，多年平均水资源量为1689亿m^3，其中地表水资源量为1682亿m^3，水资源总量居全国第6位，为我国雨水较多的省区之一，但降雨时空分布不均，年际差异大，年内和季节分配不均匀。

2.1.4 河流水系

湖南省河网密布，水系发达，淡水面积达1.35万km^2。湘北有洞庭湖，为全国第二大淡水湖。有湘江、资水、沅江和澧水4大水系，分别从西南向东北流入洞庭湖，经城陵矶注入长江。湖南省流域面积50km^2及以上河流共有1301条；流域面积100km^2及以上河流660条；流域面积1000km^2及以上河流66条；流域面积10000km^2及以上河流9条(图2.1-3)。

(1)湘江

长江流域洞庭湖水系，是湖南省最大河流，流经湖南省永州市、衡阳市、株洲市、湘潭市、长沙市，至岳阳市的湘阴县注入长江水系的洞庭湖，是境内最重要的水路交通，也是全省工农业生产和人民生活用水的源泉。湘江干流及主要一级支流河流特征见表2.1-1。

(2)资水

又称资江，左源赧水(主源)发源于湖南省邵阳市城步苗族自治县北青山，右源夫夷水发源于广西壮族自治区资源县越城岭，两水于邵阳县双江口汇合称资江，流经邵阳、新化、安化、桃江、益阳等市县，于益阳市甘溪港注入洞庭湖。资水干流及主要一级支流河流特征见表2.1-2。

(3)沅江

又称沅水，长江流域洞庭湖支流，流经中国贵州省、湖南省，是湖南省的第二大河流，沅江流域南北较长，东西较窄，约成西南斜向东北的矩形，左岸支流较多，主要有辰水、武水、酉水，右岸主要有渠水、巫水、溆水，汇集羽毛状河系。沅江干流及主要一级支流河流特征见表2.1-3。

(4)澧水

位于湖南省西北部,流域跨越湘、鄂两省边境,是湖南省四大河流之一,径流模数居全省之冠,并以洪水涨落迅速而闻名。澧水干流及主要一级支流河流特征见表2.1-4。

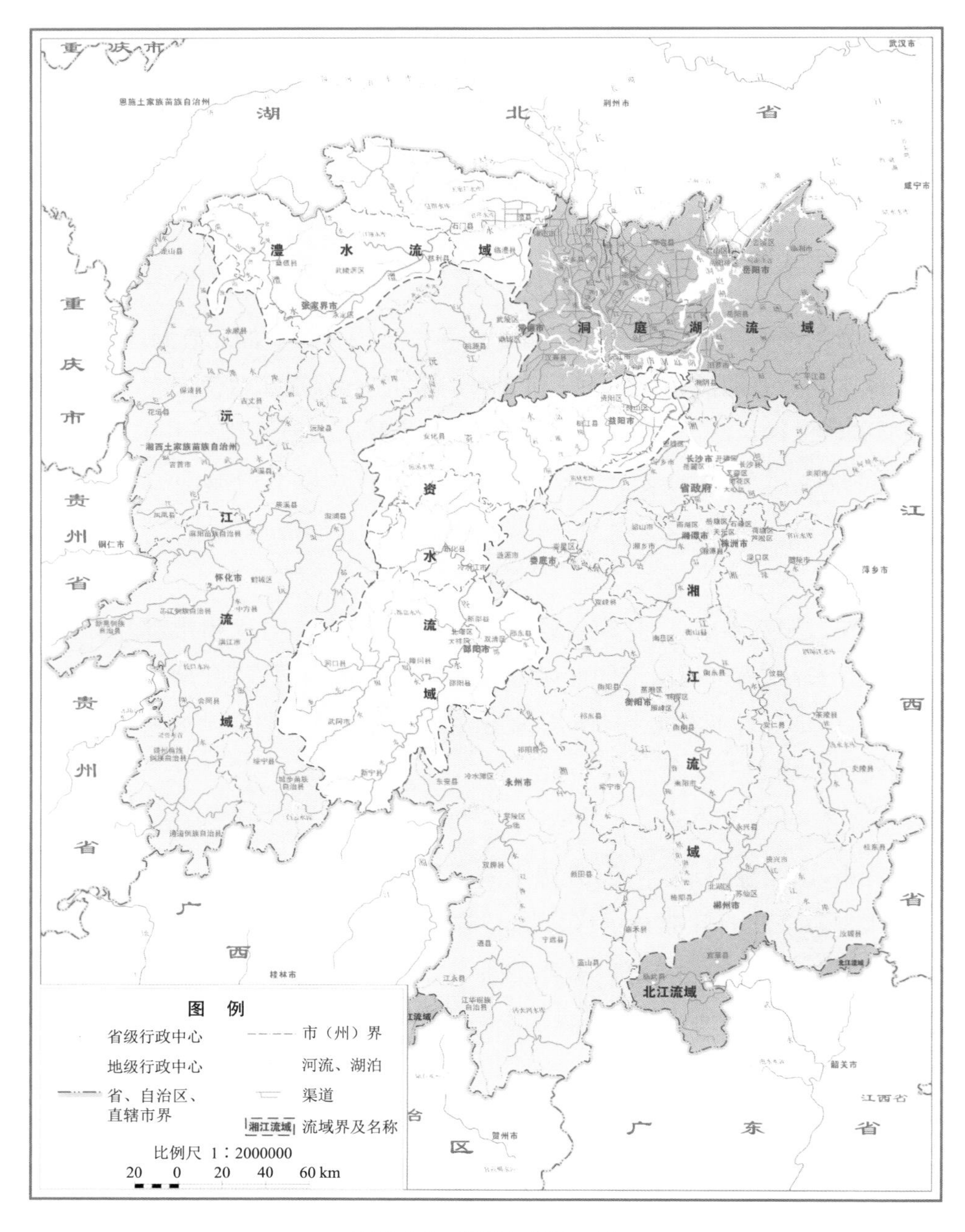

图2.1-3 湖南省河流水系

表 2.1-1 湘江干流及主要一级支流河流特征

发源地		湖南省永州市蓝山县紫良瑶族乡野狗岭南麓			入湖口	湘阴县城西镇濠河口村		
流域总面积（km^2）		94721	省内控制面积（km^2）	85225	干流总长（km）	948	省内长（km）	948
多年平均径流量（亿 m^3）		791.6	水能理论蕴藏量（MW）			4828.2	可开发水能（MW）	3814.4
河流		河源地点	河口地点	主要流经地区		河长（km）	流域面积（km^2）	平均坡降（‰）
右岸支流	白水	桂阳县白水乡清溪村	祁阳市潘市镇八角岭村	桂阳县、常宁市、祁阳市、宁远县		109	1815	2.750
	舂陵水	临武县西山瑶族乡塔山坪村	衡南县廖田镇河口村	临武县、蓝山县、嘉禾县、宁远县、新田县、桂阳县、耒阳市、常宁市、衡南县		313	6637	0.796
	耒水	桂东县黄洞乡青竹村	衡阳珠晖区和平乡五四村	桂东县、桂阳县、临武县、汝城县、资兴市、永兴县、苏仙区、耒阳市、衡南县、珠晖区、炎陵县		446	11776	0.896
	洣水	炎陵县下村乡田心村	衡东县霞流镇洣河村	炎陵县、茶陵县、攸县、衡东县、衡南县、资兴市、桂东县、永兴县、安仁县、耒阳市		297	10327	1.020
	渌水	江西省万载县黄茅镇大土村	渌口区渌口镇向阳社区	江西万载县，浏阳市、醴陵市、攸县、渌口区		187	5659	0.588
	浏阳河	浏阳市大围山镇浏河源村	长沙开福区新河街道新河路社区	浏阳市、长沙县、雨花区、芙蓉区、开福区、醴陵市、株洲		224	4244	0.489
	捞刀河	浏阳市社港镇周洛村	长沙开福区捞刀河镇金霞村	浏阳市、长沙县、开福区、汨罗市、湘阴县		132	2540	0.703

续表

河流		河源地点	河口地点	主要流经地区	河长（km）	流域面积（km^2）	平均坡降（‰）
左岸支流	湘江西源（白石河）	广西壮族自治区兴安县白石乡白竹村	永州冷水滩区蔡市镇老埠头村	广西兴安县、全州县，东安县、零陵区、冷水滩区	262	9208	0.647
	祁水	祁东县四明山乡白水源村	祁阳市浯溪镇塔边村	祁东县、邵阳县、祁阳市、邵东市、东安县	126	1683	1.210
	蒸水	邵东市双凤乡双凤乡林场	衡阳石鼓区潇湘街道石鼓社区	邵东市、衡阳县、衡南县、蒸湘区、石鼓区、祁东县	198	3482	0.619
	涓水	双峰县砂塘乡石峰村	湘潭县易俗河镇烟塘村	双峰县、衡山县、湘潭县、南岳区	115	1770	0.531
	涟水	新邵县坪上镇梅寨村	湘潭雨湖区长城乡犁头村	冷水江市、新化县、涟源市、娄星区、双峰县、新邵县、邵东市、韶山市、湘乡市、湘潭县、雨湖区、宁乡市、安化县	234	7173	0.425
	沩水	宁乡市龙田镇白花村	望城区高塘岭镇胜利村	宁乡市、望城区、湘乡市	134	2673	1.220

注：资料来源于《湖南省四水及洞庭湖防汛抗旱基础研究》。

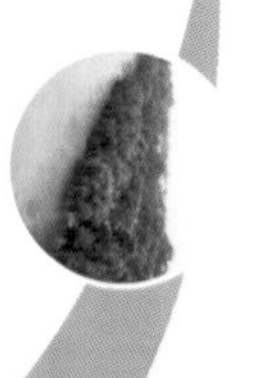

表 2.1-2　　资水干流及主要一级支流河流特征

发源地	湖南省邵阳市城步苗族自治县燕子山林场			入湖口	益阳市甘溪港		
流域总面积（km^2）	28211	省内控制面积（km^2）	26882.8	干流总长（km）	661	省内长（km）	661
多年平均径流量（亿 m^3）	250	水能理论蕴藏量（MW）			1733.42	可开发水能（MW）	1457.2

河流		河源地点	河口地点	主要流经地区	河长（km）	流域面积（km^2）	平均坡降（‰）
右岸支流	夫夷水	广西壮族自治区资源县中峰乡农林场越城岭林场	邵阳县霞塘云乡双江口村	新宁县、邵阳县、武冈市	249	4555	0.807
	邵水	邵东市双凤乡大进村	双清区桥头街道中河街社区	邵东市、邵阳市	106	2075	0.712
	油溪	冷水江市锡矿山街道来风村	新化县油溪乡续丰村	新化县、涟源市、安化县	68	711	4.12
	洢水	安化县乐安镇祝丰村	安化县小淹镇敷溪社区	安化县	87	1117	1.84
	沂溪	安化县大福镇建和村	桃江县马迹塘镇新塘村	安化县、桃江县	84	582	2.39
	志溪河	桃江县灰山港镇雪峰山村	赫山区会龙山街道伍家桥村	宁乡市、桃江县、赫山区	67	631	1.21

续表

河流		河源地点	河口地点	主要流经地区	河长(km)	流域面积(km^2)	平均坡降(‰)
左岸支流	蓼水	绥宁县长铺子苗族乡	武冈市马坪乡龙局村	绥宁县、洞口县、武冈市	96	1142	2.36
	平溪	洪江市洗马乡稠树脚村	洞口县石江镇白玉村	洪江市、绥宁县、隆回县、溆浦县、洞口县	97	2265	2.56
	辰水	隆回县金石桥镇	隆回县桃洪镇九龙村	隆回县、洞口县	86	850	2.21
	石马江	隆回县高平镇梅花山村	新邵县新田铺镇大禹村	隆回县、新邵县	85	839	1.67
	大洋江	隆回县小沙江镇文明村	新化县游家镇游家村	隆回县、新化县	93	1290	5.27
	渠江	新化县奉家镇上白村	安化县渠江镇渠江社区	新化县、安化县、溆浦县	99	851	3.69

注：资料来源于《湖南省四水及洞庭湖防汛抗旱基础研究》。

表 2.1-3 沅江干流及主要一级支流河流特征

发源地	贵州省都匀市斗蓬山北中寨			入湖口	常德市德山		
流域总面积（km^2）	89833	省内控制面积（km^2）	52224.8	干流总长（km）	1053	省内长（km）	568
多年平均径流量（亿 m^3）	676	水能理论蕴藏量（MW）			5375	可开发水能（MW）	4602

河流		河源地点	河口地点	主要流经地区	河长（km）	流域面积（km^2）	平均坡降（‰）
左岸支流	潕水	贵州省瓮安县岚关乡岚关村	洪江市黔城镇玉皇阁社区	新晃县、鹤城区、芷江县、洪江市	446	10373	0.99
	辰水	贵州省江口县太平土家族苗乡梵净山自然保护区	辰溪县辰阳镇桐湾溪村	麻阳县、辰溪县、中方县、凤凰县、泸溪县、吉首市	309	7535	1.16
	武水	花垣县雅西镇坡脚村	泸溪县武溪镇城北社区	花垣县、保靖县、古丈县、凤凰县、泸溪县、吉首市	150	3691	1.95
	酉水	湖北省宣恩县椿木营乡长槽村	沅陵县太常乡立新村	龙山县、花垣县、保靖县、永顺县、古丈县、沅陵县、泸溪县、吉首市	484	19344	1.01
	洞庭溪	慈利县洞溪乡安里村	沅陵县清浪乡洞庭溪村	慈利县、沅陵县	69	719	3.59
	白洋河	慈利县金坪乡渠溶村	桃源县车湖垸乡延泉村	慈利县、桃源县	106	1739	1.79

续表

河流		河源地点	河口地点	主要流经地区	河长(km)	流域面积(km^2)	平均坡降(‰)
右岸支流	渠水	贵州省黎平县双江乡登界村	洪江市托口镇朗溪村	通道县、会同县、洪江市、靖州县	285	6774	0.867
	巫水	新宁县麻林瑶族乡黄沙村	洪江市桂花园乡川山村	城步县、绥宁县、会同县、洪江市	244	4203	1.90
	溆水	溆浦县黄茅园镇分水村	溆浦县黄茅园镇分水村	溆浦县	148	3299	2.15
	怡溪	沅陵县杜家坪乡怡溪村	沅陵县陈家滩乡陈家滩村	沅陵县	90	879	2.46
	夷望溪	桃源县西安镇薛家冲村	桃源县兴隆街乡沙湾村	桃源县	103	740	2.04

注：资料来源于《湖南省四水及洞庭湖防汛抗旱基础研究》。

表 2.1-4 澧水干流及主要一级支流河流特征

发源地	以北源为正源，发源于桑植县八大公山北麓杉木界			入湖口	津市小渡口		
流域总面积（km^2）	16959	省内控制面积（km^2）	13841.5	干流总长（km）	407	省内长（km）	407
多年平均径流量（亿 m^3）	177	水能理论蕴藏量（MW）			15.245	可开发水能（MW）	13.711

河流		河源地点	河口地点	主要流经地区	河长（km）	流域面积（km^2）	平均坡降（‰）
左岸支流	澧水北源	桑植县八大公山自然保护区	桑植县打鼓泉乡赶塔村	桑植县	79	1105	3.22
	溇水	湖北省鹤峰县中营乡云蒙山国有林基地管理站	慈利县零阳镇太坪社区	桑植县、慈利县、武陵源区	251	5022	2.04
	渫水	石门县南北镇金家河村	石门县新关镇七松村	石门县、慈利县	148	3131	1.73
	涔水	石门县黑天坑	津市小渡口	石门县、澧县、津市	114	1188	0.77
右岸支流	道水	慈利县苗市镇一都界村	澧县澧南镇邢市村	慈利县、石门县、临澧县、澧县、津市	104.8	1362.6	0.75
	澧水南源	永顺县两岔乡茶溪村	桑植县两河口乡两河口村	永顺县、桑植县	74	556	3.72

注：资料来源于《湖南省四水及洞庭湖防汛抗旱基础研究》。

2.1.5 社会经济

截至2020年底，湖南全省辖13个地级市、1个自治州，共14个地级行政区划；68个县（其中7个自治县）、18个县级市、36个市辖区，共122个县级行政区划。

2020年末，湖南省常住人口6644.48万人，户籍人口7295.58万人，城镇人口2630.82万人，乡村人口4664.76万人，男性人口3778.99万人，女性人口3516.59万人，从业人员3280.00万人，在岗职工554.24万人。

2020年湖南省全年地区生产总值41781.5亿元，比上年增长3.8%。其中，第一产业增加值4240.4亿元，增长3.7%；第二产业增加值15937.7亿元，增长4.7%；第三产业增加值21603.4亿元，增长2.9%。三次产业结构为10.2∶38.1∶51.7。第二、三产业增加值占地区生产总值的比重分别比上年下降0.5个和0.6个百分点，工业增加值增长4.6%，占地区生产总值的比重为29.6%；高新技术产业增加值增长10.1%，占地区生产总值的比重为23.5%；战略性新兴产业增加值增长10.2%，占地区生产总值的比重为10.0%。第一、二、三产业对经济增长的贡献率分别为8.1%、53.9%和38.0%。其中，工业增加值对经济增长的贡献率为43.9%，生产性服务业增加值对经济增长的贡献率为24.0%，分别比上年提高4.6个和0.2个百分点。

2.2 历史洪水灾害

2.2.1 历史洪灾概况

受特殊地理位置、水系和气候等因素的影响，湖南省洪水灾害频发，其中尤以水灾最为严重，既有长江和湘资沅澧四水等大江大河型洪水及长江中游超额洪量滞蓄洞庭湖的大湖型洪水灾害，亦有局地降雨引发的湖区渍涝型洪水或山丘区的山洪型洪水灾害，湖南省洪水灾害大多发生在4—9月，入汛后，4—6月降雨集中，洪水灾害易发频发。春夏之交是湘江洪水的发生期，4—6月为多发季节；6—7月，资水、沅江暴雨洪水相对集中，洪水峰高量大；6—8月，澧水降雨最多，洪水陡涨陡落；7—8月，受四水、长江洪水或四水与长江洪水组合影响，洞庭湖易发生洪水。

据历史记载，公元前湖南洪灾有8次见于史志，公元1—8世纪有洪涝记载32

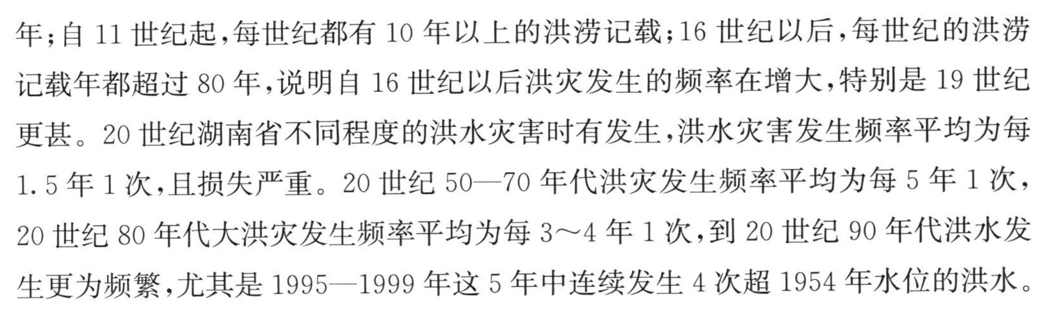

年；自 11 世纪起，每世纪都有 10 年以上的洪涝记载；16 世纪以后，每世纪的洪涝记载年都超过 80 年，说明自 16 世纪以后洪灾发生的频率在增大，特别是 19 世纪更甚。20 世纪湖南省不同程度的洪水灾害时有发生，洪水灾害发生频率平均为每 1.5 年 1 次，且损失严重。20 世纪 50—70 年代洪灾发生频率平均为每 5 年 1 次，20 世纪 80 年代大洪灾发生频率平均为每 3～4 年 1 次，到 20 世纪 90 年代洪水发生更为频繁，尤其是 1995—1999 年这 5 年中连续发生 4 次超 1954 年水位的洪水。

湖南历史上水灾严重，据史料记载，自公元前 155 年至 1949 年中，发生水灾 468 次，平均每 5 年 1 次，其中全省性的水灾 43 次，占总次数的 11%；近 300 年来，水灾 245 次，平均 15 个月 1 次，其中间隔为 4 年的 1 次、2 年的 13 次、1 年的 31 次，其余都是连续发生。仅民国的 38 年中，发生水灾 32 次，平均 1.2 年 1 次，其中 1931 年、1935 年、1948 年、1949 年的 4 次最为惨重，每次受灾面积都在 400 万亩以上。如 1935 年，全省 38 个县(市)受灾，堤垸溃决 1659 处，受灾面积 389.15 万亩，410.19 万人受灾，淹死 37532 人，损失稻谷 2919.4 万担，房屋、牲畜、财产损失无法计数。

受地理、气候和江湖等因素的制约和影响，新中国成立 40 多年来湖南的水灾仍然不断发生，特别是进入 20 世纪 80 年代以来，水灾更是愈演愈烈。据统计 1950—1995 年全省发生水灾 34 次，平均 1.3 年多 1 次，全省性的大灾 17 次，平均 2.8 年 1 次；1950—1995 年全省累计受灾面积近 2.5 亿亩；1995—1999 年这 5 年中连续发生 4 次超 1954 年水位的洪水，全省洪水灾害直接经济损失超过 1000 亿元，因灾死亡人数 1650 人，分别占全省洪涝灾害直接经济损失和死亡人数的 63.1%和 87.9%。2001—2020 年，湖南省每年均发生了不同程度的洪水灾害，因洪水灾害倒塌房屋 100 多万间，直接经济损失超 1600 亿元，死亡人数 1400 余人，湖南洪水灾害给湖南人民带来了巨大损失，见表 2.2-1。

表 2.2-1　　四水及洞庭湖区典型洪水灾害统计

流域名称	年份	洪灾类型	受灾人口（万人）	死亡人口（人）	直接经济损失（亿元）	受灾农田（万亩）
湘江流域	1954	全流域型	263.00	1048	—	349.00
	1969	区间型	243.00	800	—	149.00
	1976	区间型	305.90	156	—	190.00

续表

流域名称	年份	洪灾类型	受灾人口（万人）	死亡人口（人）	直接经济损失（亿元）	受灾农田（万亩）
湘江流域	1982	区间型	315.60	201	—	234.80
	1994	全流域型	1838.00	215	56.3000	—
	1996	全流域型	1000.00	210	43.8700	—
	1998	区间型	911.21	191	70.5400	—
	2002	全流域型	746.99	42	58.6700	—
	2003	全流域型	453.94	16	10.8800	—
	2006	区间型	729.00	417	78.1000	—
	2007	区间型	500.00	9	56.0000	—
	2010	区间型	588.00	4	40.4000	—
	2017	全流域型	420.00	57	253.0000	—
	2019	区间型	—	17	31.4000	—
资水流域	1955	上中游型	55.90	25	—	103.80
	1988	上中游型	273.80	180	—	232.10
	1990	全流域型	624.00	231	—	212.70
	1995	全流域型	610.58	98	74.4400	—
	1996	全流域型	831.00	156	—	483.00
	1998	下游型	487.00	55	—	301.00
	2002	全流域型	305.39	4	18.9100	—
	2004	下游型暴雨山洪	6.00	14	6.8000	—
	2005	上游型暴雨山洪	354.29	52	18.0000	—
	2006	上游型暴雨山洪	41.00	16	2.2000	—
	2016	全流域型	220.19	5	56.6400	—
	2017	全流域型	288.43	5	83.2800	—
沅江流域	1969	中下游型	62.00	93	0.5570	114.90
	1970	中上游型	13.20	40	0.0706	120.00
	1995	中下游型	620.80	250	65.4600	—
	1996	全流域型	618.36	204	98.9900	—
	1998	中下游型	495.27	131	42.5100	—
	1999	下游型	277.42	36	14.8200	—
	2001	上游型暴雨山洪	21.00	124	5.6000	26.00
	2014	中下游型	373.26	8	86.4500	—
	2017	中下游型	275.87	4	82.1000	—

续表

流域名称	年份	洪灾类型	受灾人口（万人）	死亡人口（人）	直接经济损失（亿元）	受灾农田（万亩）
澧水流域	1935	区间型	—	33145	—	—
	1950	全流域型	1.68（不完全统计）	—	—	20.20
	1954	全流域型	34.20	77	—	118.00
	1980	区间型	59.50	83	—	74.80
	1983	全流域型	55.80	50	—	137.10
	1991	全流域型	108.60	37	—	168.00
	1993	特大暴雨山洪	178.90	102	9.9000	—
	1996	中上游型	185.58	39	29.0100	—
	1998	全流域型	243.10	88	79.3900	—
	2003	区间型	164.67	34	26.0600	—
	2020	全流域型	—	—	3.9000（水利设施）	—
洞庭湖区	1954	三口四水型	231.00	470	356.0000	384.95
	1995	四水型	36.92	7	84.0000	43.95
	1996	四水型	113.80	170	145.0000	122.90
	1998	三口四水型	946.37	184	142.0000	810.62
	1999	四水型	514.37	1	1.0000	43.51
	2002	四水型	262.21	—	—	—
	2016	四水型	168.41	3	—	—
	2017	四水型	194.85	4	—	—
	2020	三口四水型	—	—	—	—

2.2.2 典型洪灾事件

(1)1954 年

6 月下旬至 7 月下旬，由于副热带高压较弱，并长时间稳定在 18°N 附近，西伯利亚为一宽广的低压区，不断有小槽带动地面冷空气南下，致使江南形成静止锋，中低层切变线低涡接连不断影响湘中以北，形成长时间连续成片大暴雨天气。汛期全省平均降雨 1368mm，较历年均值偏多 47.6%。5—7 月，3 个月的平均雨量大多接近于平常年一年的雨量。湘资沅澧四水流域山洪暴发，干流控制站均出现超警戒水位 1.89～4.94m 的洪水，损失严重。湖南水情超过 1906 年及 1931 年，为百年罕见。7 月 23—25 日浏阳宝盖洞水库降雨 519.6mm，造成水库溃坝，淹死 477 人，其下游首当其冲的有船山、白露、石泉、三口、新水、永清、石幼等乡，共有 29 户 77 人死亡；淹没农田 28416 亩，其中冲毁农田 558 亩、水冲砂压 5713 亩，倒塌房屋 0.53 万间。流域内受灾农田共 349 万亩，受灾人口 263 万人，死亡人口 1048 人。

(2)1994 年

4—8 月，湘中、湘南多次遭受暴雨袭击，湘江流域出现了百年一遇的洪涝。全省农作物受灾面积共 134.6 万 hm^2。4 月 8—19 日，强降水位于湘北，岳阳的北区、南区、郊区、君山、建新农场、常德市均受暴雨袭击，有 122 个乡(镇)284 万人受灾，6732 人无家可归，因灾死亡 2 人，倒塌房屋 967 间，2 个工厂停产，受灾农作物 5.35 万 hm^2，冲坏小(1)型水库 3 座、小(2)型水库 18 座、渠道 121 条、桥涵 14 座，中断公路交通 6 次，停电 30 多小时，经济损失 4068 万元。4 月 20—26 日，湘中以南普降暴雨或特大暴雨，湘江干流全线首次超警戒水位，全省有 59 个县(市)受灾。农作物受灾总面积 3.89 万 hm^2，因灾死亡 45 人，倒塌房屋 4631 间，冲毁河渠道 2498 处 203.4km、涵闸 35 处、堤坝 600m、渡槽 5 处、小电站 5 座、公路 529 处 90.95km、桥梁 144 座，直接经济损失 2.76 亿元。6 月中旬，由于冷暖气流交汇稳定在江南和华南一带，导致湘江流域持续暴雨或特大暴雨，干流衡阳以下全面出现超历史水位的洪水。6 月 12—18 日，流域内普遍降雨，局部地区降特大暴雨，株洲以上平均降雨量达 200mm，降雨主要集中在 12—16 日，暴雨中心的江华码市 5 天累计 575mm，超过 200 年一遇(548mm)，安仁 324mm，常宁 317mm，祁阳 307mm。降雨笼罩面积超过 500mm 的有 550km^2，超过 400mm 的有 950km^2，超过 300mm 的有 4900km^2，超过 200mm 的 41200km^2(占全省总面积的 19.5%)。汛期湘江流域发生 5 次洪水。①4 月 26 日，干流水位超过警戒水位 1.33～4.68m；②6 月 18 日，干流水位超过警戒水位 2.41～7.88m；③7 月 24 日，干流水位除湘潭、长沙低于警戒水位外，其余均接近或超过警戒水位；④8 月 6 日，干流水位均超过警戒水位 1.03～4.26m；⑤8 月 18 日，超过警戒水位 1.0～3.59m。洪水灾害正好发生在早稻抽穗扬花的关键时期，不仅山丘区有山洪灾害，而且沿江两岸洪涝灾害严重，不仅农村损失大，而且城市工矿企业损失也大，明灾、暗灾均较严重。洪水直接经济损失达 84.8 亿元。

(3)1995 年

全省汛期降水量较常年同期多 9%，湘江部分支流、资水和沅江干流以及洞庭湖南部出现历史最高洪水位，全省范围发生 1954 年以来最严重的洪涝灾害。其中，6 月底至 7 月初，沅江、资水、洞庭湖区及湘江下游降大暴雨和特大暴雨。7 月 2 日，洞庭湖入湖总流量达到 58500m^3/s，相当于 1954 年最大入湖流量的 91%。汛期，降水导致全省 14 个地(州、市)107 个县(市、区)2761 万人受灾，因灾死亡 633 人；农作物受灾面积 171 万 hm^2，成灾面积 119.5 万 hm^2，倒塌房屋 38.38 万间；湖区溃决大小堤垸 84 个，其中万亩以上堤垸 7 个；7 月 3 日，娄底市团结水库小(1)型垮坝失事；直接经济损失 292.3 亿元。

(4)1996 年

本年度降雨强度之大、范围之广、洪水总量之大、洪峰水位之高、受灾面积之大、灾害损失之重为历史罕见。汛期降水较常年多 14.3%，全省月均降雨 215mm 以上。澧水和湘江发生超警戒水位洪水，其中 7 月 19 日 12 时湘江超警戒水位 2.18m。资水、沅江和洞庭湖区发生特大洪水，水位全面超历史，如资水下游益阳站 7 月 21 日 17 时洪峰水位 39.49m，超历史最高水位 0.45m，相当于 100 年一遇洪水位；沅江干流五强溪水库 7 月 19 日 10 时最高库水位 113.26m，超正常水位 5.26m，相当于 5000 年一遇洪水位；洞庭湖区水位超历史最高水位 34.55m 以上的时间达 8 天，湖区 2600km 湖堤超历史最高洪水位。全省 14 个地(州、市)117 个县(市、区)受灾，其中 49 个县城被淹；湖区溃决大小堤垸 145 个，其中万亩以上的 26 个，淹没面积 15.3 万 hm^2，113.8 万人因灾转移；全省受灾人口 3325 万人，因灾死亡 744 人，农作物受灾面积 218 万 hm^2，成灾面积 134.67 万 hm^2，倒塌房屋 162.1 万间；直接经济损失 580 亿元。

(5)1998 年

6—7 月，资水下游、湘江中下游、澧水、沅江相继降大暴雨，其中 6 月 11—27 日的半月雨量超过历年平均雨量的一半以上。湘资沅澧四水及洞庭湖区相继发生特大洪水，并与长江 8 次洪峰相遇，形成 1954 年以来最大洪水。湘江下游、澧水、东洞庭湖先后出现超历史最高洪水位，城陵矶连续出现 5 次洪峰，其中 4 次超历史最高洪水位。6 月 27 日 21 时湘江长沙站出现 39.18m 洪峰水位，超警戒水位 4.18m，超历史最高水位 0.25m；7 月 24 日 8 时，澧水津市站洪峰水位 45.01m，超历史最高水位 1.0m；7 月 24 日 6 时，沅江桃源站出现 46.03m 洪峰水位，超警戒水位3.53m。汛期城陵矶站高洪水位持续时间长，超危险水位33m达78天，超34m达55天，超35m达42天。汛期，全省14个市(州)、108个县(市、区)、1438个乡镇受灾，受灾人口2878.98万人，因灾死亡616人，紧急转移350.84万人；倒塌房屋68.86万间；农作物受灾面积194.27万hm^2，成灾面积124.87万hm^2；湖区堤防出险3.37万处、堤垸溃决142个(万亩以上7个)，14个县城被淹；直接经济损失329亿元。

(6)2002年

全省降雨较常年明显偏多。4—9月全省平均降雨1317mm，较历年均值偏多42%，仅次于1935年有资料以来同期最大年份1954年的1423mm，排历史同期第二位。岳阳、益阳、常德、永州4市降水最多。湘江、资水分别发生6次、2次较大洪水过程。全省14个市(州)110个县(市、区)1771个乡镇1937.22万人次遭受不同程度的洪涝灾害，部分县(市、区)重复受灾，其中永定、永兴、永顺、耒阳、桂阳、道县等县(市、区)受灾较为严重。因暴雨山洪，10座县城曾一度受淹，其中新邵、道县县城两度进水。永定城区内渍受淹，最大水深达3m；道县县城主要街道水淹深度达4m；郴州市北湖区四清水库(中型)等一批防洪工程出现重要险情，大量基础设施遭到冲毁。全省农作物受灾面积197.651万hm^2，成灾面积137.233万hm^2，绝收面积55.335万hm^2，减产粮食303.25万t，倒塌房屋10.58万间，因灾死亡156人。直接经济损失146.44亿元，其中水利设施直接经济损失36.37亿元。

(7)2005年

5月31日开始，省内西北部至东南部发生了一次强降雨过程。暴雨和大暴雨主要发生在湘江、资水、沅江的湘潭、邵阳、娄底、益阳、湘西州、怀化等地。新邵县降雨主要集中在5月31日晚上10时至12时左右。据气象雨量站实测，新邵潭溪、寸石、坪上等地5月31日8时至6月1日8时降雨分别达197mm、134mm和110mm。娄底市从5月30日至6月1日，2d内全市大部分地区降雨在150mm以上，涟源市、新化县局部地区降雨达270mm以上。尤其是从5月31日晚开始，涟源市南部荷塘镇枧埠河流域暴雨中心降雨达200mm以上，其中晚上5月31日9时至6月1日0时3h降雨在130mm以上，降雨导致枧埠河流域暴发特大山洪。高强度降雨致使全省14个市(州)61个县(市、区)942个乡镇1029.1万余人受灾，因灾死亡100人，失踪45人。遭受“5·31”特大山洪袭击的邵阳市新邵县太芝庙

乡、潭府乡和娄底市涟源、新化、双峰等地区共有78人死亡，36人失踪，损失尤为惨重。全省因灾倒塌9.39万间，大量基础设施被毁，直接经济损失52.31亿元。

(8)2007年

8月下旬，受第9号超强台风“圣帕”影响，全省自东向西发生了暴雨和特大暴雨。湘东、湘中及其以南地区旱涝急转，发生了入汛以来最大的降雨过程，给部分地市造成了严重的洪涝灾害。暴雨在湘江流域尤为集中，部分站出现大暴雨或特大暴雨。暴雨中心永兴县鲤鱼塘镇70h降雨达到863.3mm，频率达千年一遇。湘江干流衡山站流量2d内由400m^3/s陡增到14500m^3/s，水位迅速上涨。一级支流洣水超历史最高水位0.52m，炎陵、安仁、永兴、攸县、衡东县城河段超历史最高水位。此次暴雨洪水导致流域内6个地市(除永州外)500余万人受灾，倒塌房屋2.14万间，9人死亡，直接经济损失56亿元。

(9)2010年

6月23日8时至24日8时，全省自西北向东南出现了一次强降雨过程，降雨主要集中在湘江流域，湘江干流水位全线超警，各站点普遍出现超保证水位洪水。湘江支流涟水湘乡站出现洪峰水位49.17m，洪峰流量4350m^3/s，超过警戒水位2.17m，洪量为历史最大，洪水频率50年一遇。湘江支流涓水射埠站出现历史第二高洪峰水位49.90m，超过警戒水位2.90m，洪水频率30年一遇。湘江支流渌水大西滩站出现超历史洪峰水位54.50m，超过警戒水位5.00m，洪水频率为20年一遇。湘江长沙站25日洪峰水位达到38.46m，超过警戒水位2.46m。衡山以下发生继1998年以来第二大洪水，湘潭以下出现超保证水位的洪水。此次洪水使全省流域内的10个市(州)68个县(市、区)855个乡镇588万余人受灾，倒塌房屋2.93万间，死亡4人，直接经济损失40.4亿元。

(10)2016年

汛期降雨频繁，雨量偏多，洪涝灾害波及范围广、时空分布不均，局部强度大，重复受灾严重，台风灾害较轻、渍涝严重。全省发生27次明显降水过程，汛期累计降雨量1132mm，较历年同期均值950mm多19.2%。湘北、湘南、湘东降雨较多，仅湘中偏南部分较少，呈“四高一低”分布。4月19日以后的12次降雨过程中都出现了特大暴雨级别的站点。汛期，湘资沅澧四水及洞庭湖区来水量偏丰。湘江流域入汛早，较往年提前11天。来水量总体偏多，三口四水(长江入洞庭湖的松滋口、太平口、藕池口三口和湘资沅澧四水)合计来水总量1968亿m^3，较历年平均多3.8%；江河超警洪水频发，湘资沅澧四水干支流及洞庭湖区主要河道站点累计超警94站次，洞庭湖区发生区域性大洪水。汛期洪涝灾害严重，灾情表现为受灾范围广，局地灾情严重。受灾县（市、区）、乡镇比例分别达97%、82%，益阳、湘西、怀化、娄底、岳阳、永州、长沙等7个市（州）局地灾情严重，灾害过程密，重复受灾较多。全省发生15次洪涝灾害过程，主要集中在4—6月，平均不到10d就发生一次洪涝灾害过程，特别是6月，有的灾害过程间隔时间仅1～2d。灾害类型多，渍淹现象突出，既有暴雨引发的河湖洪水、山体滑坡泥石流，也有暴雨引发的城乡渍涝及因漫堤、内溃造成的淹没等灾害。工程出险少，仍有重大险情，全省有8座小型水库、2座水闸、1处渡槽出现较大险情，发生重大堤防险情3起。汛期的降雨共造成14个市（州）126个县（市、区）（含经开区12个）1625个乡镇1003.2万人受灾，因灾死亡27人、失踪1人，转移83.3万人，倒塌房屋2.93万间，农作物受灾面积75.853万hm^2，直接经济损失214.18亿元，直接经济损失为1998年以来第三位、近五年来第一位。

（11）2017年

湘江、资水、沅江洪水在洞庭湖形成恶劣组合，发生历史罕见的暴雨洪水。汛期前后发生了15次暴雨过程，3月下旬，湘江流域发生桃花汛。6月、8月、9月降雨较集中，其中6月全省平均降雨量407.2mm，较历年同期均值多91.6%，比历史同期最大降雨（1954年）还多23mm；7月降雨较历年同期少37%，湘西北、湘中部分地区旱情露头并迅猛发展。整个汛期，资水、沅江中下游地区，湘东北部、湘江下游及东洞庭湖地区，澧水上游地区，湘江上游地区为降雨高值区，中心最大点降雨量位列前4位的分别为：浏阳市寒婆坳站2004mm、桑植县八大公山站1869mm、安化县永兴站1699.5mm、江永县大溪源站1661.5mm。1h、3h点最大降雨分别为安化县永兴站113.3mm（8月12日10—11时）、岳阳县岳坊水库站218mm（8月12日8—11时），6h、12h、24h点最大降雨均为宁乡市老粮仓站，分别达到290mm（7月1日5—11时）、316.5mm（7月1日0—12时）、352mm（6月30日12时至7月1日12时），均为历史罕见。6月22日至7月2日，全省过程累计降雨270mm，降雨超过300mm的笼罩面积8.8万km^2。受强降雨和上游来水影响，四水干支流洪水峰高量大，四水及湖区共计109站次超警戒水位，29站次出现超保证水位，12站次出现超历史最高水位，点多面广为历史罕见。其中，湘江干流全线超保证水位，10站超历史最高，长沙站洪峰水位39.51m，超历史最高水位（1998年）0.33m，洪水重现期为100年一遇。资水干流罗家庙站、桃江站、益阳站

出现历史实测第二位高洪水位，其中桃江站洪峰水位与历史最高水位相当。沅江浦市站、桃源站、常德站均出现超保证水位洪水，浦市站超保证水位 1.07m，桃源站洪峰流量 22100m^3/s。城陵矶站洪峰水位 34.63m，超保证水位 0.08m（排历史实测第五位），超警戒水位持续时间长达 299h。湖区 3471km 一线防洪大堤全线超警戒水位，1/3 堤段超保证水位。洞庭湖最大入、出湖流量分别达 81500m^3/s（7 月 1 日）、49400m^3/s（7 月 4 日），均为 1949 年以来最大值。

由于降雨总量偏多，且时空分布极不均匀，全省汛情一度十分紧张、严峻，累计造成 14 个市（州）141 个县（市、区）（含经开区等 19 个）1889 个乡镇 1348.49 万人受灾，宁乡、辰溪、祁阳、冷水滩区等 32 个县级以上城镇受淹，因灾死亡 95 人、失踪 3 人，转移人口 194.35 万人，倒塌房屋 5.73 万间，农作物受灾面积 107.493 万 hm^2，直接经济损失 524.42 亿元，其中水利设施直接经济损失 104.92 亿元。6 月 22 日至 7 月 11 日的洪涝灾害最为严重，受灾人口、转移人口、因洪涝灾害死亡人数、倒塌房屋、农作物受灾面积、直接经济损失占全年洪涝灾损的比例分别为 86%、93%、93%、96%、90%、93%。受强降雨及高位洪水影响，仅“6·22”洪水过程期间就发现险情 6640 处，其中重大、较大险情 24 处。7 月 3 日 23 时，烂泥湖大圈益阳市赫山区资江大堤羊角村堤段发生直径约为 1.0m 特大管涌险情，经过 11h 全力抢险后成功得到控制。6 月 22 日至 7 月 2 日，宁乡市发生一轮强度大、范围广、长时间的暴雨及特大暴雨洪涝灾害过程。市内 1h 点最大降雨为檀木桥站 78mm，3h、6h、12h、24h 点最大降雨均为宁乡市老粮仓站，分别达到 189mm、290mm、316.5mm、352mm，均为历史罕见。沩水、靳江流域 10d 平均累积降雨分别为 469.7mm、509.9mm，均超历史极值。7 月 1 日 23 时 12 分，沩水宁乡站水位达到 44.45m，最大流量 6180m^3/s，为该站建站以来的最高值；乌江水位比历史最高水位高出 0.83m。

（12）2019 年

汛期，全省先后发生 13 轮暴雨洪水过程，7 轮过程超过 7d，水利工程水毁严重。尤其是“7·6”暴雨洪水过程持续时间长、影响范围广、局部雨强大、超警超保站点多、部分河流洪水流量大，从 7 月 6 日开始至 14 日结束，持续了 9d，过程降雨集中在湘江中上游等地区，全省降雨超过 300mm、400mm、500mm 分别达 40 县 474 站、19 县 146 站、10 县 19 站。此过程双牌县尚仁里乡守木塘站达 857.2mm，累计最大降雨点比 2017 年最大点还多 33.2mm；日降雨最大点为双牌县五星国有林场早禾田村站 285.2mm，其次为安仁县坪上乡曹婆水库站 271.5mm；湘江流域发生特大洪水，湘潭站出现历史实测第二高洪峰水位、历史实测最大洪峰流量。湘江中下游主要支流洣水、蒸水、渌水、涓水、涟水等洪水同时在干流遭遇，恶劣的洪水组合造成了下游出现峰高、量大、时长的持续洪水过程，衡阳、湘潭、株洲等沿线河段同时出现洪峰。强降雨的连续发生导致前轮洪水尚未完全退却，后轮洪水接踵而至。湘江、资水洪水又复涨超警或超保，且一峰高过一峰，干流洪水与支流洪水短时间汇合后，形成了衡山站以下河段超历史洪峰流量，湘江干流永州老埠头至长沙河段均于同一天出现洪峰，历史罕见。

(13)2020 年

6 月 28 日至 9 月 1 日省内最强雨洪过程期间，受暴雨中心移动、四水来水和三峡水库出库等因素的影响，洞庭湖洪水组合复杂，湖区洪水先以长江来水为主，后以沅江、澧水来水为主，最后环湖区及湘江来水增加，最终形成了洞庭湖区较大洪水。长江上游先后形成了 5 次洪峰流量 50000m^3/s 以上的编号洪水，三峡水库出现最大入库洪峰 75000m^3/s、下泄峰值流量 49400m^3/s，调洪最高水位达到 167.65m，均为建库以来最大(最高)，出库流量维持在 40000m^3/s 以上天数达 22d。一方面，长江洪水通过四口汇入洞庭湖，增加洞庭湖入湖水量，据统计，本轮过程四口入湖总水量 503.2 亿 m^3，占汛期四口入湖总水量的 71%，较历年同期均值偏多 92.3%。另一方面，长江洪水入湖的同时，另一部分洪水顺江而下抬高洞庭湖湖口水位，减缓了洞庭湖洪水出湖。此外，长江干流城陵矶以下河段同期也发生大洪水，对洞庭湖湖口形成顶托。三者叠加致使洞庭湖形成上压、下顶之势，洪水宣泄不畅，造成洞庭湖持续维持较高水位，水位居高不下。

2.3 洪水灾害防治现状

2.3.1 工程措施

截至 2020 年底，湖南省各大流域已建成比较完整的防洪减灾工程体系，包括各类水库 13737 座，其中大型水库 50 座，中型水库 366 座，水电站 4236 座；水闸 3.4 万多座，其中，大型水闸 150 座、中型水闸 1121 座，小(1)型水闸 2473 座，小(2)型水闸 31062 座(其中规模以上 12049 座)；堤防总长度 2 万多 km，其中，5 级以上堤防总长 12402.7km，3 级以上堤防总长 4418.21km；24 处国家级蓄滞洪区，总蓄洪容积 163.8 亿 m^3。

(1)湘江

湘江流域已建成大中型水库共181座。其中,预留防洪库容的大中型水库共53座,干支流大中型梯级电站共16座,1～3级堤防共166段,长896.11km。湘江流域基本形成了以干支流堤防为基础,干支流防洪水库为主要调蓄控制,下游蓄滞洪区相配套的防洪总体布局。湘江流域主要防洪减灾工程统计见表2.3-1。

表2.3-1　湘江流域主要防洪减灾工程统计

工程类别	工程规模	单位	数量	合计
水库	大(1)型	座	2	181
	大(2)型	座	20	
	中型	座	159	
防洪水库	大(1)型	座	2	53
	大(2)型	座	10	
	重点中型	座	41	
干流梯级电站	大中型	座	8	8
支流梯级电站	大中型	座	8	8
堤防	1～3级	段	166	166
		长度(km)	896.11	896.11

(2)资水

资水流域已建成大中型水库共48座。其中,预留防洪库容的大中型水库共10座,干流大中型梯级电站共7座,1～3级堤防共26段,长204.15km。通过多年建设,资水流域基本形成了以柘溪、车田江、六都寨水库为骨干,其他干支流水库、堤防、河道整治、蓄滞洪区等工程措施与防洪非工程措施相配套的综合防洪体系。资水流域主要防洪减灾工程统计见表2.3-2。

表2.3-2　资水流域主要防洪减灾工程统计

工程类别	工程规模	单位	数量	合计
水库	大(1)型	座	1	48
	大(2)型		3	
	中型		44	

续表

工程类别	工程规模	单位	数量	合计
防洪水库	大(1)型	座	1	10
	大(2)型		2	
	重点中型		7	
干流梯级电站	大中型	座	7	7
堤防	1～3 级	段	26	26
		长度(km)	204.15	204.15

(3)沅江

沅江流域已建成大中型水库共 107 座。其中,预留防洪库容的大中型水库共 17 座,干流大中型梯级电站共 12 座,支流大中型梯级电站共 3 座,1～3 级堤防共 18 段,长 255.49km。目前,沅江虽初步形成了由托口、凤滩、五强溪等大型水库,干流沿线城镇堤防,车湖、木塘和陬溪垸等蓄滞洪区组成的防洪工程体系,但是沿线大部分城镇临水而建,多处于沅江干流沿线及干支流交汇口,城市防洪工程建设相对滞后,城市防洪保护圈难以闭合的情况在沅江中上游较为突出。沅江流域主要防洪减灾工程统计见表 2.3-3。

表 2.3-3　沅江流域主要防洪减灾工程统计

工程类别	工程规模	单位	数量	合计
水库	大(1)型	座	3	107
	大(2)型		13	
	中型		91	
防洪水库	大(1)型	座	2	17
	大(2)型		4	
	重点中型		11	
干流梯级电站	大中型	座	12	12
支流梯级电站	大中型	座	3	3
堤防	1～3 级	段	18	18
	干流达标堤防	长度(km)	255.49	255.49
	干流未达标堤防	长度(km)	224.17	228.83
		长度(km)	4.66	

(4)澧水

澧水流域已建成大中型水库34座。主要采用以沿江城区堤防和护岸为基础,结合兴利建设干支流水库,拦蓄洪水,加强河道整治。澧水流域基本形成了以中上游的水库和堤防为基础,以中下游的江垭、皂市水库及堤垸堤防为支撑,下游蓄滞洪区相配套共同构成的具有一定抗洪能力的综合防洪体系。澧水流域主要防洪减灾工程统计见表2.3-4。

表2.3-4 澧水流域主要防汛减灾工程统计

<table>
<tr><th>工程类别</th><th>工程规模</th><th>单位</th><th>数量</th><th>合计</th></tr>
<tr><td rowspan="3">水库</td><td>大(1)型</td><td rowspan="3">座</td><td>2</td><td rowspan="3">34</td></tr>
<tr><td>大(2)型</td><td>2</td></tr>
<tr><td>中型</td><td>30</td></tr>
<tr><td rowspan="3">防洪水库</td><td>大(1)型</td><td rowspan="3">座</td><td>2</td><td rowspan="3">11</td></tr>
<tr><td>大(2)型</td><td>2</td></tr>
<tr><td>重点中型</td><td>7</td></tr>
<tr><td>干流梯级电站</td><td>大中型</td><td>座</td><td>3</td><td>3</td></tr>
<tr><td>支流梯级电站</td><td>大中型</td><td>座</td><td>4</td><td>4</td></tr>
<tr><td rowspan="2">堤防</td><td rowspan="2">1～3级堤防</td><td>段</td><td>32</td><td>32</td></tr>
<tr><td>长度(km)</td><td>372.52</td><td>372.52</td></tr>
</table>

湖南省各大流域已建成比较完整的防洪工程体系,但由于一些历史原因,防洪工程仍存在一些问题:①部分堤防、河道整治等防洪工程建设标准不达标。流域上游散布于山丘区的中小城镇和居民点,部分城镇缺乏有效的防洪工程措施,基本处于无工程设防状态,一旦山洪暴发,防不胜防。堤防未闭合处不能抵抗设计洪水的侵袭,加上多年来河床冲淤变化,许多河段泄洪能力降低,致使洪水灾害频繁。②一些小型水库病险问题比较突出,防洪调蓄能力不足,下游防洪压力较大。部分未完成除险加固的小型水库坝体、坝基出现不同程度的渗漏,存在裂缝、蚁患、渗漏、抢险通道不顺、溢洪道毁坏等安全隐患,汛期一旦出险,则可能发生溃坝事故。同时小型水库基础设施条件相对较差,安全管理基础相对薄弱,对外交通和通信方面较差,容易贻误抢险时间。病险水库是洪水灾害的重大安全隐患,对大坝自身安全和下游人民生命财产及公共基础设施能造成直接威胁。

2.3.2 非工程措施

(1)雨水情监测及预报预警

雨水情监测及预报预警是湖南省防洪非工程体系的重要组成部分。经过多年的建设和完善,湖南省已建成防汛综合数据库及电子地图平台(省级业务系统平台),基本实现了雨水情监测、洪水预报和洪涝灾害预警系统性服务功能。目前,湖南省防汛抗旱云平台雨水情监测共享信息平台已实现雨量站 3150 个,水文站 248 个,河道水位站 473 个,水库水位站 1778 个的数据共享。

尤其对于湖南省山洪灾害防治,重点推进山洪灾害防御系统建设,共建成市级山洪灾害监测预警系统 14 套、县级山洪灾害监测预警系统 114 套、雨水情遥测站 4865 个、图像监测站 1838 个、视频监测站 1089 个、无线预警广播 28003 个,大幅度提高雨水情自动监测点覆盖率,有山洪灾害防御任务的乡镇、重点防御区域的雨水情监测基本实现了全覆盖。

(2)群测群防体系

群测群防体系是指县、乡、村地方政府组织城镇或农村社区居民为防治洪水灾害而建立与实施的一种工作体制和减灾行动,是有效减轻洪水灾害的一种“自我识别、自我监测、自我预报、自我防范、自我应急和自我救治”的工作体系,是当前经济社会发展阶段山丘区城镇和农村社区为应对洪水灾害而进行自我风险管理的有效手段。

目前,湖南省洪水灾害危险区均已建立了群测群防县、乡、村三级责任体系,明确了洪水灾害群测群防责任人和相关责任义务。

(3)指挥决策系统

湖南省省、市、县三级都设立了防汛抗旱指挥部,水行政主管部门都设立了水旱灾害防御中心,构成了湖南省防汛抗旱管理体制机制体系。全省从上到下各级防汛机构组织、制度、职责等比较健全,有较成熟的防汛抗灾救灾经验,在防灾减灾中统一领导、统一组织和统一指挥,发挥了巨大作用。湖南省在不断总结防灾工作经验的基础上,在防治洪水灾害的非工程措施方面大力投入和建设,极大地减少了人员伤亡和财产损失。

目前,湖南省完成了湖南省防汛防旱决策系统五期工程建设,建设成果包括信息采集系统、视频监控系统、移动应急指挥系统、计算机网络与安全系统、数据

采集平台与应用支撑平台、防洪抗旱综合数据库等业务应用系统。完成了湖南省山洪灾害监测预警系统的开发与应用，实现了雨水情监测、决策指挥平台、预警系统等方面的应用。完成了湖南省防汛抗旱云平台系统开发和应用，进一步完成“一库、一图、一平台”的建设，建成完善湖南省防汛抗旱大数据分析平台；实现应用系统移动化开发，逐步向“云端部署、终端应用”的“云＋端”防汛业务应用新模式转变，进一步完善山洪信息业务标准规范体系；对接跨行业防汛数据，建立防汛扩展库，实现跨部门防汛数据整合，依据最新业务需求，打造新型防汛应用。

(4)防汛培训与演练

湖南每年都会对行政干部和专业人员开展水旱灾害防御相关的业务培训，对各级政府主管和分管领导进行培训的目的是为了提高其防洪减灾意识、了解和掌握防洪减灾的相关法规政策、了解水旱灾害防御工作程序等。对于专业人员的培训，目的在于使其熟练掌握相关抗洪抢险知识、抗洪抢险技术等。

湖南是全国洪水频发多发省份，适当加强防汛抗洪演练是时刻准备防大汛、抗大灾思想的具体体现。每年各地均会针对性地开展防汛抗洪演练，做到未雨绸缪、临洪不乱，使防汛抗洪工作有序进行、高效开展。

湖南省洪水防治非工程措施建设已基本形成体系并逐年完善，但基层专业技术型人才缺乏，镇、村级山洪灾害防御预案和应急演练的可操作性不强。由于山洪灾害防御预案制定比较简单、僵化，特别是乡镇、村级预案照搬硬套，未结合实际，演练时组织松散、参与度不够、针对性不强。虽然明确了组织结构和职责任务，但是基层水利部门技术力量不足，组织者、预警者、抢险队员通常由农民担任，关键时刻可能无法上岗到位，导致山洪来临时防灾预案的人员职责难以落实到位，不能及时组织群众有序避险。

第3章　湖南省洪水灾害成因与特征

3.1　洪水灾害成因

3.1.1　降雨

降雨是诱发洪水灾害的直接因素和激发条件。湖南位于亚热带中低纬位置，处于西伯利亚寒流和太平洋副热带高压的交锋地带，易形成强降雨且年降雨相对变化大。因季风强弱和进退早晚而导致的年降雨量不稳定，是造成洪水及灾害的主要原因。湖南的特大洪水主要由长江梅雨锋系产生，梅雨一般出现在6月中旬至7月中旬，最早在6月初，最迟在7月底。一般每年最后一次梅雨形成该年的最大洪水，所以7月下旬仍有大洪水发生。

3.1.1.1　降雨量大

降雨量大，多数情况下意味着雨强大、激发力强，在一定的下垫面条件下，容易引发洪水灾害。湖南省最大年降雨量一般在1500～2000mm，最小年降雨量一般在1000～1300mm。2000—2020年，年最大降雨量除2011年外，均超过2000mm，其中年降雨量最大值出现在2002年桃江县的谈稼园站，年降雨量达3160mm（表3.1-1）。

表3.1-1　　2000—2021年湖南省降雨量极值统计

年份	年降雨量（mm）	最大		最小		最大年与最小年极值比
		降雨量（mm）	站点	降雨量（mm）	站点	
2000	1475.9	2655.0	何家	1011.0	列夕	2.63
2001	1355.2	2515.0	泥湖	751.0	段家峪	3.35
2002	1961.0	3160.0	谈稼园	1280.0	新晃	2.47

续表

年份	年降雨量(mm)	最大		最小		最大年与最小年极值比
		降雨量(mm)	站点	降雨量(mm)	站点	
2003	1299.8	2430.0	八大公山	800.0	坪石	3.04
2004	1493.6	2274.0	马路口	1023.0	明星桥	2.22
2005	1380.8	2572.0	寒婆坳	831.0	段家峪	3.10
2006	1494.6	2637.0	陈沙坪	778.0	南县	3.39
2007	1266.5	2290.0	八大公山	757.0	湘阴	3.03
2008	1396.2	2675.0	八大公山	869.0	日升堂	3.08
2009	1253.1	2126.0	八大公山	786.0	周文庙	2.70
2010	1639.4	2719.0	八大公山	1016.0	新店坪	2.68
2011	1051.3	1903.0	八大公山	575.0	杨柳潭	3.31
2012	1692.3	2891.0	寒婆坳	1090.0	南团坝	2.65
2013	1354.1	2899.0	龙山	652.0	杨柳潭	4.45
2014	1503.2	2349.0	八大公山	822.0	灰山港	2.86
2015	1609.7	2857.0	安马	990.0	周文庙	2.89
2016	1668.9	2693.3	八大公山	1004.5	沅江冲	2.65
2017	1499.1	2645.5	寒婆坳	879.5	夜沙泉	3.01
2018	1363.7	2582.0	八大公山	874.0	杨柳潭	2.95
2019	1498.5	2642.0	古宅	713.0	大湖口	3.71
2020	1726.7	2933.0	八大公山	946.0	普利桥	3.10
2021	1490.0	2474.0	寒婆坳	963.0	诸甲亭	2.57

3.1.1.2　降雨集中

湖南省降雨量按地区分布差异甚大，总的趋势是山丘区大于丘陵，丘陵大于平原，西、南、东三面山地降雨多，中部丘陵和北部洞庭湖平原少。汛期(4—9月)是降雨最集中的时期，多年平均汛期降雨量占年降雨量的68.1%，多年平均汛期连续最大4个月降雨量大多集中在4—7月，占全年降雨量的50%以上。受地理因素影响，湖南省降雨量有3个高值区，暴雨中心随月份变动。

(1)澧水上游高值区

澧水上游高值区包括桑植、永顺、龙山等县(市)。该区位于澧水上游、武陵山脉北支，湘、鄂两省交界之山区。以桑植县五道水和湖北的太平为中心，多年平均降雨量在1500mm以上。

(2)雪峰山区高值区

雪峰山区高值区包括新化、安化、桃江、隆回、洞口、绥宁、桃源、溆浦、辰溪、洪江等县(市)。该区为雪峰山区，有3个高值中心：雪峰山南端，资水、沅江的分水岭洞口至黔阳间；雪峰山北端，沅江、资水下游两岸的桃源、桃江境内；安化县熊家山。多年平均降雨量在1500mm以上。

(3)南岭—罗霄山脉高值区

南岭—罗霄山脉高值区位于湘、粤交界的南岭山脉和湘东南的湘、赣交界处的罗霄山脉，主要有3个高值中心：潇水上游永州市江华县、江永县、到道县以及蓝山县；郴州市东南部汝城县、宜章县、资兴市；郴州市桂东县、湘赣交界的八面山和诸广山，且涉及宁乡市、浏阳市、临湘市、平江县、茶陵县、炎陵县境内，多年平均降雨量在1500mm以上。

3.1.1.3 降雨量年内分配不匀

受季风环流影响，降雨量虽较丰沛，但季节变化大，年际变化也很大，分配很不均匀。各地多年平均最大月降雨量一般出现在5月或者6月。通常是湘江和珠江流域多出现在5月，资水、沅江、澧水三水流域以及洞庭湖区的大部分地区出现在6月。一般多年平均最大月降雨量占年降雨量的13%～20%，个别降雨量特别不均匀的典型年份可达40%以上。多年平均最小月降雨量多出现在12月，一般占年降雨量的1.6%～4.0%，有些特别不均匀的典型年份少数站最小月降雨量可小于1%。全省各地一般最大月降雨量是最小月降雨量的4～9倍，个别站可高达10倍，如石门县南坪站比值最大倍数达12.42。由于降雨量各月分布不均匀，往往几个月降雨量多少决定性地影响年降雨量的年际变化以及降雨的丰枯。

湖南省各流域多年平均降雨量月分配情况见表3.1-2。

表3.1-2　湖南省各流域多年平均降雨量月分配情况　(单位：%)

流域	多年平均降雨量月分配												
	1	2	3	4	5	6	7	8	9	10	11	12	4—9
湘江	4.8	6.5	9.8	13.1	14.7	13.9	8.7	10.0	5.2	5.8	4.5	3.0	65.6
资水	4.5	5.4	8.3	12.4	13.9	14.7	10.1	10.4	5.8	6.9	4.7	2.9	67.3
沅江	3.7	4.2	6.8	11.8	14.7	15.8	12.3	9.7	6.2	7.4	4.8	2.6	70.5

续表

流域	多年平均降雨量月分配												
	1	2	3	4	5	6	7	8	9	10	11	12	4—9
澧水	2.6	3.3	6.1	10.0	13.4	16.5	15.7	11.4	7.5	7.0	4.4	2.2	74.4
湖区	4.1	5.2	8.9	12.7	14.0	15.7	11.3	9.5	5.6	5.9	4.4	2.8	68.7
珠江	4.7	6.6	9.7	13.5	16.1	14.0	8.6	10.5	5.3	5.0	3.3	2.7	68.0
全省	4.2	5.4	8.5	12.4	14.4	14.8	10.6	10.1	5.8	6.4	4.5	2.8	68.1

3.1.2　地形地貌

湖南地处云贵高原向江南丘陵和南岭山脉向江汉平原过渡的地带。在全国总地势、地貌轮廓中，属自西向东呈梯级降低的云贵高原东延部分和东南山丘转折线南端。东面有山脉与江西相隔，主要是幕阜山脉、连云山脉、九岭山脉、武功山脉、万洋山脉和诸广山脉等，山脉自北东西南走向，呈雁行排列，海拔大多在1000m以上。南面是由大庾、骑田、萌渚、都庞和越城诸岭组成的五岭山脉（南岭山脉），山脉为北东南西走向，山体大体为东西向，海拔大多在1000m以上。西面有北东南西走向的雪峰武陵山脉，跨地广阔，山势雄伟，成为湖南省东、西自然景观的分野。北段海拔500～1500m，南段海拔1000～1500m。石门境内的壶瓶山为湖南省境最高峰，海拔2099m。湘中大部分为断续红岩盆地、灰岩盆地及丘陵、阶地，海拔在500m以下。北部是全省地势最低、最平坦的洞庭湖平原，海拔大多在50m以下，临湘谷花洲，海拔仅23m，是省内地面最低点。因此，湖南省的地貌轮廓是东、南、西三面环山，中部丘岗起伏，北部湖盆平原展开，沃野千里，形成了朝东北开口的不对称马蹄形地形。

湖南省地貌类型复杂，地貌变化强烈，形成了不稳定的地貌系统。大体可分为湘东侵蚀构造山丘区、湘南侵蚀溶蚀构造山丘区、湘西侵蚀构造山地、湘西北侵蚀构造山区、湘北冲积平原区及湘中侵蚀剥蚀丘陵区等6个地貌区。依据地貌形态可划分为山地、丘陵、岗地、平原、水面。其中，山地（含山原）16270.8万亩，占全省总面积的51.2%；丘陵4893.28万亩，占全省总面积的15.4%；岗地4411.73万亩，占全省总面积的13.9%；平原面积4168.5万亩，占13.1%；水面2029.95万亩，占6.4%。按地面高程划分，100～300m高程面积7376.09万亩，占全省总面积的23.2%；300～500m高程面积7175.34万亩，占22.6%；500～800m

高程面积 5857.19 万亩，占 18.5%；800～1000m 高程面积 3308.73 万亩，占 10.4%；1000m 高程以上面积 1368.21 万亩，占 4.3%。按地形、地势划分为湘南南岭山脉区，湘西北武陵山脉区，湘西雪峰山脉区，湘东幕阜山区和湘中丘陵盆地。

湖南省地貌格局是在内外营力的长期作用下形成的，地貌格局控制了水系的发育，导致了区域水、热条件的再分配，从而制约了孕灾环境的再分配。另外湖南省山地面积比例大，地貌活跃复杂，高差起伏大，坡陡、谷深，地表切割强烈，部分土壤本身抗蚀能力弱等。因此，复杂多样的地形地貌系统是湖南省洪水灾害严重的一个主要因素与形成条件。

3.1.3 人类活动

洪水灾害的形成不仅有自然因素，同时也有人为因素。由于人类不合理的经济社会活动，破坏生态平衡，造成环境退化，从而加剧洪水灾害的发生。洪水灾害的发生和运动又导致生态环境的进一步退化，造成恶性循环，给国民经济建设和人民生命财产带来重大损失。

新中国成立以来，随着我国经济建设事业的发展，人类经济活动逐步地向广度和深度发展，使自然环境受到了不同程度的破坏。一方面砍伐森林，林地被毁被垦，植被退化，森林覆盖率低；水土流失严重，生态环境遭到严重破坏，造成植被土壤对雨量的拦截大为减少，流域天然涵蓄洪水的能力降低，暴雨的产汇流系数增大，加大洪峰流量，加剧洪水灾害。尤其是在山丘区，森林植被破坏导致水土流失。森林具有良好的蓄水作用，茂密的林冠可以吸收降雨，一般来说，拦截流量为20%。同时，森林的土壤具有高渗透性和良好的蓄水性。据测算 1 万亩森林的蓄水量相当于一座蓄水量为 100 万 m^3 的水库。森林和植被还可以防止水土流失，调节气候，减少异常气候的发生。随着人口增长，人类活动范围扩大，人类在切身利益驱动下对森林乱砍滥伐，对森林植被造成极大的破坏，森林面积锐减。另一方面由于人类活动频繁，任意侵占河道行洪断面，与水争地，侵占河道，人为挖砂采砂，使得河床下切，乱弃渣乱堆，既严重影响了河道行洪安全，又极大削弱了河道行洪能力。由于筑堤围湖、围江河湖滩造田等人为因素，湖泊大幅退缩，河流被阻断，蓄洪调洪能力大打折扣。1996 年洞庭湖区洪涝成灾，水利专家明确地指出，此次洪涝灾害的成因除自然原因外，特别强调了围湖造田是造成和加剧洪水成灾

的重要原因。再一方面，泥沙淤积、湖泊消失，导致水库、湖泊调蓄功能下降。作为吞吐长江、四水的洞庭湖，却因泥沙淤积和围垦等，湖盆水位壅高，外湖面积减少，湖泊天然调蓄功能因此而减弱，涝灾面积大大增加，而垸内因围垦造田使内湖面积大幅度减少，更是大大地降低了抗御洪水的能力。许多湖泊被填满，蓄水能力大大减弱，一旦连续性暴雨出现，由于湖泊蓄水量有限，大量降雨流入河流，导致河流涨水，引发洪水灾害。由于生态环境的破坏，大量泥沙流入河流，抬高了河床，导致流水不畅。随着近 20 年来城市建设的快速发展，大量耕地被占用，可吸水的土地面积不断缩小，人们盲目地占用河道，建造房屋和工厂，一旦发生暴雨，受阻水建筑影响，洪水下泄不畅，河流急剧涨水，很容易破堤、管涌，造成不可估量的损失。

3.2 洪水灾害特征

3.2.1 洪水灾害易发频发

湖南洪水灾害易发频发，小灾年年发生，大灾经常发生。据史料不完全记载，湖南省洪灾 12—20 世纪为每百年 63 次，其中 16—20 世纪为每百年 92 次。这说明 16 世纪以后洪灾发生的频率在增大，特别是 19 世纪更甚。20 世纪全省性的洪灾年有 43 年，即 1906、1911、1912、1913、1914、1915、1922、1924、1926、1930、1931、1933、1935、1936、1937、1948、1949、1950、1954、1955、1962、1964、1968、1969、1970、1976、1979、1980、1981、1982、1983、1984、1988、1989、1990、1991、1993、1994、1995、1996、1997、1998、1999 年。其中，1906、1915、1931、1935、1937、1948、1950、1954、1955、1968、1969、1970、1976、1980、1982、1983、1988、1990、1991、1993、1999 年共 21 年的受灾范围更广，损失更大。自 21 世纪以来，全省性的洪灾年有 8 年，2002、2005、2007、2010、2016、2017、2019、2020 年。

3.2.2 洪灾区域特征明显

湖南省洪水灾害分布范围广，防范难度大，区域性明显，山丘区山洪地质灾害易发多发，四水流域易发生流域性洪水。

(1)湘南地区

主要包括永州、郴州、衡阳南部，位于南岭山脉降雨高值区，地貌以山地为主。

3—5 月，湘南地区进入雨水多发期，受其影响，局部山洪、中小流域洪水和小型水库是防范重点，尤其是湘江正源及主要支流（舂陵水）等河道狭窄，遭遇强降雨，水位上涨迅猛，易发生超警戒洪水。6 月下旬后，湘南雨季基本结束，夏伏旱逐渐露头，需及时蓄水保水。7—9 月受台风影响，局部易发生暴雨山洪，往往造成大灾。

（2）湘中地区

湘中地区主要包括邵阳、娄底以及衡阳北部、永州局部。属于衡邵丘陵降雨低值区，俗称“衡邵干旱走廊”。湘中西部有雪峰山脉降雨高值区，主要包括新化、安化、桃江、隆回、洞口、绥宁、桃源、溆浦、辰溪、洪江等县（市），汛期 5—6 月极易发生大范围、高强度、长时间暴雨，局地山洪灾害、小型水库也是该地区防范的重点。湘中地区位于资水、湘江中上游，干流洪水防御压力较大。

（3）湘东地区

湘东地区主要包括长株潭及岳阳部分地区。其中，浏阳、宁乡、临湘、平江等地位于湘东北区降雨高值区，暴雨山洪频发，极易发生山洪灾害。湘东地区处于湘江尾闾，受湘江上游来水、本地强降雨以及洞庭湖洪水顶托等共同影响，水位上涨较快，湘江干流洪水是重点防御对象。

（4）湘北地区

湘北地区主要包括岳阳、常德、益阳等地。北顶长江三口水系分流，环抱洞庭湖，南接四水汇聚，上游洪水来量巨大，而洞庭湖出流受长江城螺河段泄流能力不足的制约，洞庭湖区滞蓄洪水任务十分繁重，是湖南省防汛抗灾的主战场，防汛形势严峻，防守压力大。柘溪水库与桃江之间的柘桃区间受柘溪泄洪及区间强降雨影响，加之梯级水电站众多，一定程度加剧了桃江及益阳城区的洪灾发生概率和受灾程度。安化一带，山高谷深，受强降雨影响，容易发生严重山洪灾害。五强溪水库与桃源的五桃区间易成灾。

（5）湘西地区

湘西地区主要包括张家界、湘西州、怀化等。该地区属于沅江、澧水流域，桑植、永定、永顺、龙山等地位于澧水上游降雨高值区，区域性暴雨洪水非常明显，澧水、沅江干流下游堤防的度汛安全是重点。大多数县级城市堤防标准低，未形成有效的防洪闭合圈，一遇强降雨，干支流水位上涨迅猛，沿岸城镇易受淹。

2020 年湖南省洪水灾害分布见图 3.2-1。

图 3.2-1　2020 年湖南省洪水灾害分布

3.2.3　山洪灾害突发性强

受复杂的地形地貌条件和不稳定气候的系统影响，湖南省山丘区时常发生山洪灾害，湖南省的山洪灾害以溪河洪水灾害最为严重，且分布广泛，除洞庭湖区外，环湖丘陵区和山丘区均暴发过溪河洪水灾害。溪河洪水灾害分布范围与暴雨中心的分布范围基本一致。山丘区暴雨常具有突发性，诱发的山洪灾害具有突发性强、预测预报难度大的特点。湖南省东、南、西三面为山地、丘陵，中北部低缓，形成一个以洞庭湖为中心的马蹄形盆地，由于山地面积多，高差起伏大，坡陡、谷深，地表切割强烈，导致雨后极易产生地表径流，汇流迅速，涨势迅猛，冲刷强烈。加之山洪灾害监测站点建设质量不高，缺少先进的监测预警设备，没有形成高效的预报预警体系，给山洪灾害的预测带来很大程度的困难。近些年，山丘区的典型山洪型洪水有：

(1)2009 年

2009 年，“7·23”强降雨引发山洪，因灾死亡 15 人，2 人重伤，5 人失踪；倒塌房屋 3217 间，直接经济损失达 2.92 亿元(图 3.2-2)。

图 3.2-2　洪江区 2009 年 7 月 25 日山洪受灾现场

(2)2011 年

2011 年，“6·10”特大山洪泥石流灾害袭击岳阳市临湘市詹桥镇观山村、贺畈村、云山村，造成死亡 28 人，失踪 6 人(图 3.2-3)。

图 3.2-3　临湘市 2011 年 6 月 10 日山洪受灾现场

(3)2013 年

2013 年 8 月 13—19 日，台风暴雨引发了严重的山洪灾害，造成直接经济损失 13.3 亿元，蓝山县因灾死亡 9 人，失踪 1 人(图 3.2-4)。

(4)2015 年

2015 年 6 月 1—5 日，强降雨引发山洪地质灾害，因灾死亡 9 人，直接经济损失 24.23 亿元(图 3.2-5)。

图 3.2-4　蓝山县 2013 年 8 月 16 日山洪受灾现场

图 3.2-5　临湘市 2015 年 6 月 5 日山洪受灾现场

(5)2016 年

2016 年 7 月 17 日，古丈县普降暴雨，其中默戎镇 5h 降雨量达 203mm，1h 最大降雨量达 104.9mm。强降雨导致古丈县默戎镇等多处发生山洪灾害和山体滑坡，古丈县境内焦柳铁路、省道 S229 交通中断，部分房屋倒塌。龙鼻村发生坡面泥石流，方量 1 万多 m^3，损毁房屋 5 栋 14 间，共疏散受灾区群众 500 余人，未造成人员伤亡(图 3.2-6)。

(6)2017 年

2017 年 6 月 22 日至 7 月 2 日，受持续强降雨影响，湘江、资水、沅江干支流、澧水部分支流及洞庭湖区发生特大洪水。据湖南省防汛抗旱指挥部统计：截至 2017 年 6 月 30 日 15 点 30 分，暴雨造成 14 个市(州)117 县(市、区)1196 个乡镇约

334.52 万人受灾，紧急转移人口 26.32 万人，农作物受灾面积 23.83 万 hm^2（图 3.2-7）。

图 3.2-6　古丈县 2016 年 7 月 17 日山洪受灾现场

图 3.2-7　长沙 2017 年 6 月 29 日洪水受灾现场

3.2.4　洪水灾害损失严重

湖南省是全国洪水灾害频发且损失严重的省份。进入 21 世纪，洪水灾害给湖南省的农业生产带来了巨大的冲击，各种基础设施也受到了不同程度的破坏，严重危害了人们的生命财产安全。21 世纪以来，洪水灾害共造成湖南省 118.27 万间房屋倒塌，受灾人口约 22225 万人，死亡人数超过 1500 人，农作物受灾面积近 1780 万 hm^2，造成直接经济总损失达 2645.62 亿元。根据《湖南省水旱灾害公报 2017 年》和 2018、2019、2020 年《中国水旱灾害防御公报》公布的数据统计，湖南省

2000—2020年直接经济损失、农作物受灾面积、受灾人口、死亡人口、倒塌房屋统计见图3.2-8至图3.2-12。

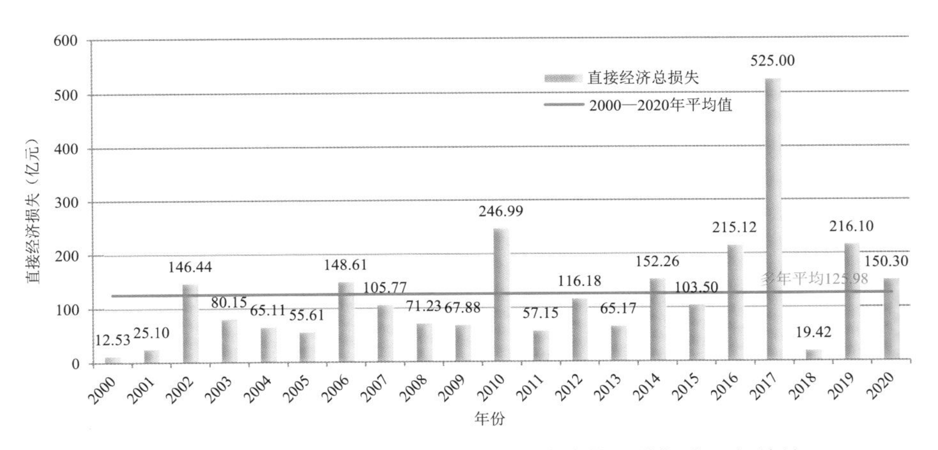

图3.2-8　2000—2020年全省因洪水灾害直接经济损失逐年统计

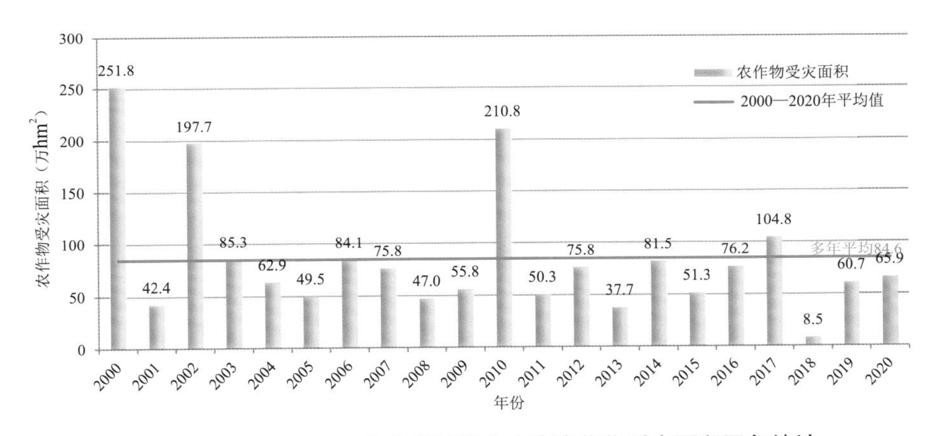

图3.2-9　2000—2020年全省因洪水灾害农作物受灾面积逐年统计

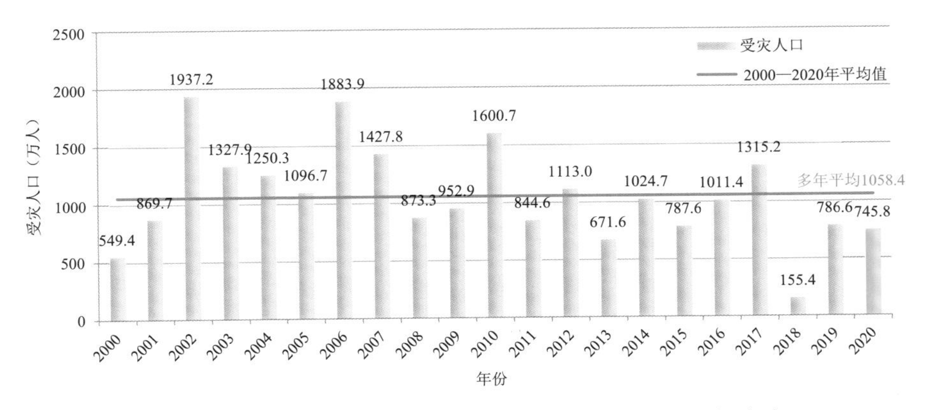

图3.2-10　2000—2020年全省因洪水灾害受灾人口逐年统计

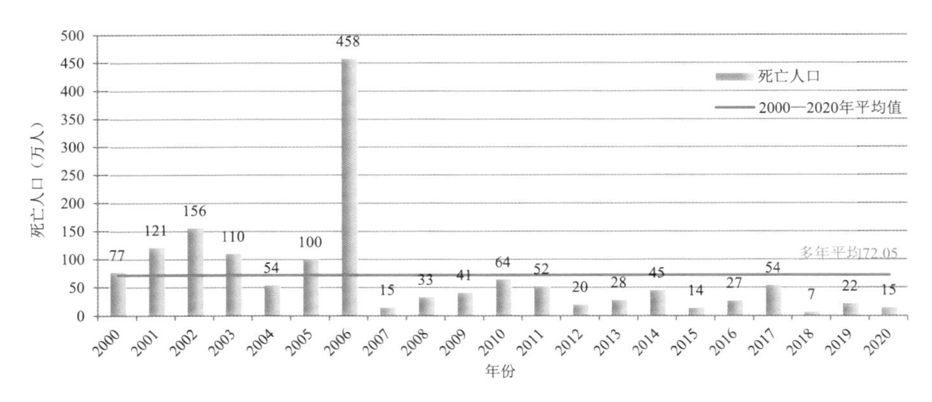

图 3.2-11　2000—2020 年全省因洪水灾害死亡人口逐年统计

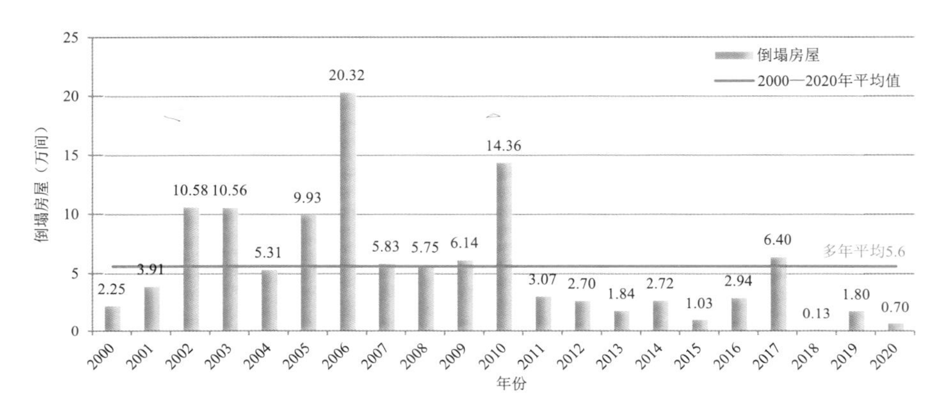

图 3.2-12　2000—2020 年全省因洪水灾害倒塌房屋逐年统计

3.2.5　洪水组合复杂多变

湖南省是以洞庭湖为中心、湘资沅澧四水为骨架的长江流域洞庭湖水系。西南有湘资沅澧四水，北有松滋河、虎渡河、藕池河三口分泄长江来水；东有汨罗江和新墙河，江河来水进入洞庭湖后经由城陵矶向北注入长江；长江有螺山卡口，下泄流量受限，这种特殊地理位置，是造成湖南省多年发生洪水灾害的重要原因。三峡水库蓄水运行后，对下游防洪起到了重要作用，一定程度上缓和了洞庭湖的防洪态势。但当湘资沅澧四水其中两条及以上洪水相遇，汇聚洞庭，则会抬高洞庭湖水位，与长江洪水遭遇，易形成不利组合。

据记录统计，湖南省每年汛期时常会发生流域性大洪水，即当干流上游发生大洪水，或者上游水库大流量泄流引发的洪水时，区间支流同时发生大洪水，并在支流河口遭遇，从而形成超标准洪水，对下游城镇产生比较严重的洪水淹没灾害损失。另外，由于湘资沅澧四水汇聚于洞庭湖再吞吐长江洪水，四水流域同时发

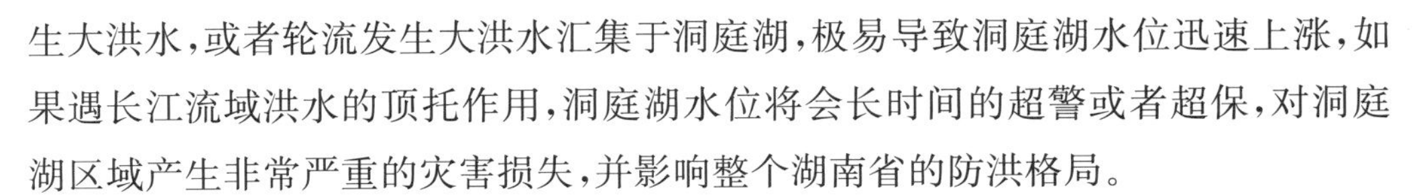

生大洪水，或者轮流发生大洪水汇集于洞庭湖，极易导致洞庭湖水位迅速上涨，如果遇长江流域洪水的顶托作用，洞庭湖水位将会长时间的超警或者超保，对洞庭湖区域产生非常严重的灾害损失，并影响整个湖南省的防洪格局。

如 1954 年、1998 年四水流域与长江同步发生大洪水；1996 年、2002 年资水流域、沅江流域同步发生了流域性大洪水；1998 年四水及洞庭湖区同步发生大洪水。2017 年 6 月 22 日至 7 月 3 日，湖南遭遇了近年来历时最长、范围最广、强度最大的降雨过程。持续 11d 的降雨覆盖全省，来势凶猛的洪水组合恶劣，致使湖南境内江河湖泊水位暴涨，湘江干流全线超保证水位，1/2 河段超历史，其中长沙站超历史最高 0.33m；资水、沅江干流 2/3 超保证水位，湘江、资水、沅江同时出现流域性洪水。2020 年 6 月 28 日至 9 月 1 日，受省内 4 轮强降雨及长江上游 5 次编号洪水共同影响，四水洪水与长江洪水在洞庭湖区遭遇，省内最强雨洪过程期间，洞庭湖洪水组合复杂，湖区洪水先以长江来水为主，后以沅江、澧水来水为主，环湖区及湘江来水增加，最终形成了洞庭湖区较大洪水，湖区主要控制站发生 4 次左右的洪水过程。城陵矶（七里山）站洪峰水位达 34.74m，超保证水位 0.19m，洞庭湖超警时间长达 60d，排历史实测第五位、21 世纪第二位和最长超警戒时间；湘资沅澧四水及湖区共 92 站次超警戒水位、16 站次超保证水位、2 站超历史水位。究其原因主要有几个方面：一是长江洪水通过三口汇入洞庭湖，增加洞庭湖入湖水量；二是长江洪水入湖的同时，另一部分洪水顺江而下抬高洞庭湖湖口水位，减缓了洞庭湖洪水出湖；此外，长江干流城陵矶以下河段同期也发生大洪水，对洞庭湖湖口形成顶托，三者叠加致使洞庭湖形成上压、下顶之势，洪水宣泄不畅，造成了洞庭湖水位持续上涨、居高不下。

第4章 湖南省洪水风险评估与区划

4.1 洪水风险评估与区划技术路线

4.1.1 洪水风险区划原则

洪水风险区划遵循相似性、差异性与综合性原则。

(1)相似性原则

相似性原则是指洪水风险程度指标以量值区间为衡量标准,反映相同特征。

(2)差异性原则

差异性原则是指洪水风险程度指标以量值区间为衡量标准,有一定差异的相近特征。

(3)综合性原则

综合性原则是在考虑影响洪水风险形成、发展的自然因素的同时,考虑影响洪水灾害防治的社会经济因素,综合自然和社会因素宏观反映区域洪水风险程度及其防治特征。

4.1.2 洪水风险评估与区划技术路线

洪水风险评估与区划主要以流域水系为对象进行划分。洪水风险评估与区划流程主要包括基础资料的收集与分析、洪水风险评估、洪水风险区划、成果检验4个阶段。具体技术方法包括:资料收集与整理、三区划分、区划单元划分、区划分析方案拟定、区划分析模型构建、风险要素分析计算、风险等级划分、聚类分析与区划边界划定、成果合理性检验等。洪水风险评估与区划技术路线见图4.1-1。

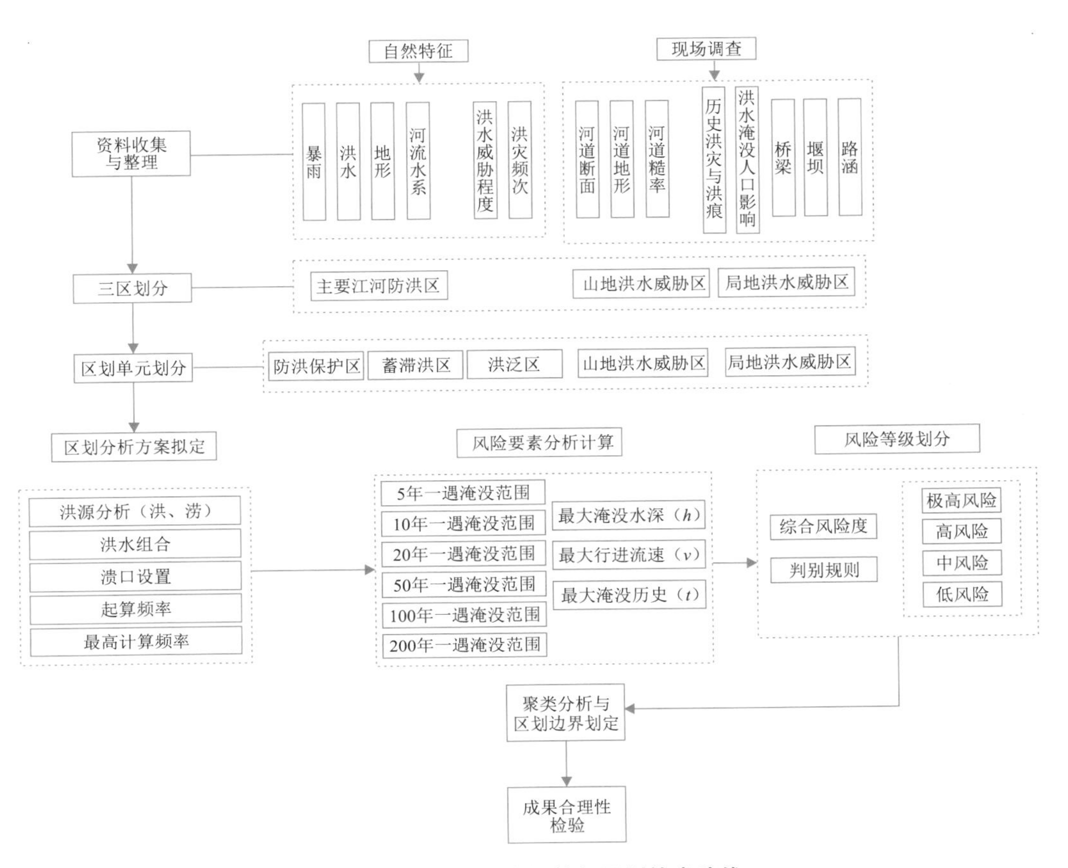

图 4.1-1 洪水风险评估与区划技术路线

湖南省洪水风险评估与区划，是从避免和减少自然灾害风险的需求出发，为开展洪水风险管理、土地利用规划、防洪减灾科学决策、防洪调度管理、预案制定等提供重要依据，能够直观反映湖南省洪水风险总体状况，明确湖南省洪水灾害风险程度，为进行洪水灾害防治提供基础支撑，为进一步提高洪水风险管理能力提供技术支撑。

湖南省洪水风险评估与区划主要是以县级行政区域为单位开展相关分析和研究工作，对洪水风险评估与区划分析过程的基本步骤和重要关键环节进行系统阐述。在县(市、区)洪水风险区划分析成果的基础上，经资料汇总、复核修正、综合分析后，形成全省的洪水风险评估与区划成果。本书以长沙县为代表县进行洪水风险评估与区划，并将全省 122 个县(市、区)的洪水风险评估与区划成果进行汇总、复核、分析聚合后形成全省的洪水风险评估与区划成果。

4.2 县域洪水风险评估

4.2.1 洪水风险三区划分

洪水风险三区划分是开展洪水风险区划的基础和前提，是根据研究区各地暴雨、洪水、地形、河流水系等自然因素，人口分布、GDP等经济社会因素，以及洪水的威胁程度和洪灾频次等，考虑不同区域的洪源特征、洪水量级和灾害威胁程度等，并结合防洪标准设置、防洪体系布局和社会经济状况等，对不同地区受洪水威胁及其形成灾害的程度进行区划，主要划分为主要江河防洪区、山地洪水威胁区和局地洪水威胁区3种类型（图4.2-1）。

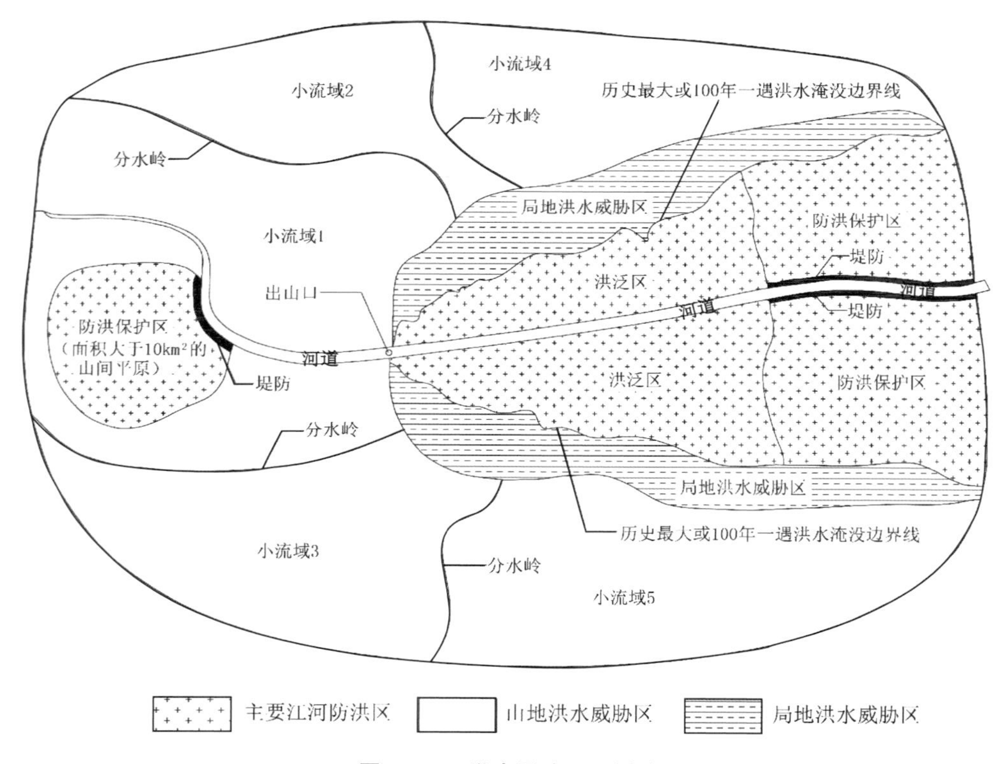

图4.2-1 洪水风险三区划分

4.2.1.1 主要江河防洪区

主要江河防洪区范围包括主要江河洪水泛滥可能淹及的集中连片的地区，主要包括大江大河中下游地，以及其他洪水可能集中连片淹没的地区。地形主要以平原和盆地为主，局部位于丘陵或山前。

主要江河防洪区范围划定方法：

①对于防洪规划中已明确边界范围的洪泛区、蓄滞洪区和防洪保护区，按照防洪规划所确定的边界划定主要江河防洪区范围。

②对于防洪规划中未明确各类防洪区边界的区域，应依照流域的干支流顺序自下而上依次划定主要江河防洪区范围。其范围划定的具体方法和指标如下：

a. 平原区（一般为多河交叉区域）防洪保护区应以干流堤防标准同级或者低一级的河道堤防为边界划定；

b. 山丘区（一般为两山夹一河区域）防洪保护区以 20 年一遇（当干流堤防标准为 10 年一遇时，则取 10 年一遇）及以上标准的堤防至两侧高地所形成的封闭区域划定；

c. 干支流共同保护的区域划入干流防洪保护区；

d. 对于流域内无堤防或堤防防洪标准较低（一般指 10 年一遇及以下）的河流，可作为防洪保护区的内河考虑；

e. 流域内包含蓄滞洪区的，应根据防洪规划的规定，将其纳入主要江河防洪区范围。

主要江河防洪区范围应以区域内所有防洪区的边界范围取外包后进行划定。

4.2.1.2 山地洪水威胁区

山地洪水威胁区是指主要江河防洪区以外，受山洪、泥石流等灾害威胁而影响的山地、丘陵、台地和中小河流河谷小平原、小盆地和山前平原等地区。

山地洪水威胁区范围应以区域内所有山丘区河流所对应的流域边界范围取外包后进行划定。对于跨山丘区和平原区的河流，其范围应根据河流出山口以上河段对应的流域边界范围进行划定。

山地洪水威胁区主要采取利用区域 DEM 数据处理概化后得到的等高线概化图进行全省县级行政区国土面积的地形差异性分析，根据区域等高线分布特征，以平原、盆地、低山丘陵等低海拔区域为参照对象，对于县级行政区域内与参照对象具有明显地形高程和起伏变化特征差异的区域，以小流域分界线为边界（资料来源全国山洪灾害调查评价小流域划分成果），划定为若干个独立的山地洪水威胁区（50～200km^2 为独立分析对象）。

4.2.1.3 局地洪水威胁区

局地洪水威胁区根据区域气候特点、平均降雨特征、地形地貌、行政区划和社会经济人口分布情况等，将局地洪水威胁区分为若干个面积大于 10km^2 的子分析单元。

在实际操作过程中，使用等高线划定山地洪水威胁区的过程中将存在一定偏差，因此大多区县三区划分工作在划定主要江河防洪区后，可优先进行局地洪水威胁区的划分，在完成局地洪水威胁区划定后，依据局地洪水威胁区和主要江河防洪区的划定范围，补充调整山地洪水威胁区范围。

局地洪水威胁区一般不会发生较大范围的洪水，即使局部地区发生洪水也由于人烟稀少而不致成灾，洪水威胁总体不大。局地洪水威胁区范围主要根据区域河湖水系特点、防洪工程体系布局，以及下垫面条件、降雨强度等要素进行综合划定。其中，满足以下条件中任意一项的区域可直接划定为局地洪水威胁区：①年最大 24h 点雨量均值小于 0mm 的地区；②人口分布密度小于 30 人/km^2 的草原、森林等地区；③其他降雨量稀少、水系不发达、人口分布密度低、无工程设防的地区。

一般来说，局地洪水威胁区除包括上述规定的有关类型和范围区外，还包括以下情况：①对于河流两岸无防洪工程保护，且历史最大洪水或 100 年一遇洪水均不出槽或淹及不到的区域，以及地面高程明显高于 100 年一遇洪水位的平地区域，可划定为局地洪水威胁区。②对于河流两岸有防洪工程保护，但处于防洪区以外且历史最大洪水或 100 年一遇洪水均淹不到的区域，可划定为局地洪水威胁区。

对于常年有水的湖泊范围及河道行洪范围区域，有流域、区域防洪规划所确定的河道，行洪范围以已有成果为主划定，或由当地有管辖权的水行政主管部门确定。常年有水的湖泊范围及河道行洪范围区域划定一般选取河道两岸堤防之间的范围进行绘制，部分河段采用 10 年一遇洪水淹没范围作为河道行洪范围考虑。河道具有防洪任务的水库水面范围以调洪后相应频率设计洪水位进行划定，相关资料缺失水库直接采用常年蓄水位进行确定。河道上涉及的湖泊范围划定与河道类似，按有堤和无堤两种情况考虑；无堤的湖泊按照湖泊常水位所对应的水面边界确定湖泊范围。

考虑到河流堤防、山体、高地、铁路或高速公路等的阻隔，使得地区发生洪水时各区域洪水演进过程分割开来，形成了不同的分区。进行洪水风险分析时，对每个由堤防或牢固线状地物隔离的独立的区域分别划分为若干个子区域，需作为单独计算分区。计算分区不仅物理上符合洪水演变的规律，且数值计算中计算效率更高。

4.2.1.4 长沙县洪水风险三区划分

以长沙县为例，长沙县属长衡丘陵盆地的北部，地势由北、东、南三面逐渐向中西部倾斜，形成一个不规则的“畚箕”形状。境域内有岗地、平原、山地、丘陵、水面5类地貌，以岗地、平原为主。结合县域内各地区灾害产生原因、人口密集程度以及GDP产值、历史洪水影响范围进行综合考虑，以《长沙市城市规划》为基准确定城区范围，将长沙县捞刀河以及浏阳河下游平坦地带包含星沙镇全境以及榔梨镇北部等人口经济集中的平原地带划定为主要江河防洪区。此外，参考湘江、捞刀河、浏阳河、金井河等历史洪痕信息、100年一遇洪水位信息分析沿线两岸可能受洪水影响区域范围，结合高程等值线，划定符合要求的受防洪工程体系保护的山间平原为主要江河防洪区，此类地区人口密度大，GDP产值较高，地势较平坦，灾情主要以外洪水位上涨导致或以地势较低的内涝为主，历史险情发生较多，除主要江河防洪区其他地带划定为山地洪水威胁区。此类地带地势相对较高、人员居住相对较分散，洪水发生一般以降雨引起的山洪为主，县域内无局地洪水威胁区。

根据划定成果，长沙县划定河道行洪范围9.0km²，主要江河防洪区439.1km²，山地洪水威胁区1307.2km²。长沙县洪水风险三区划分成果见图4.2-2。

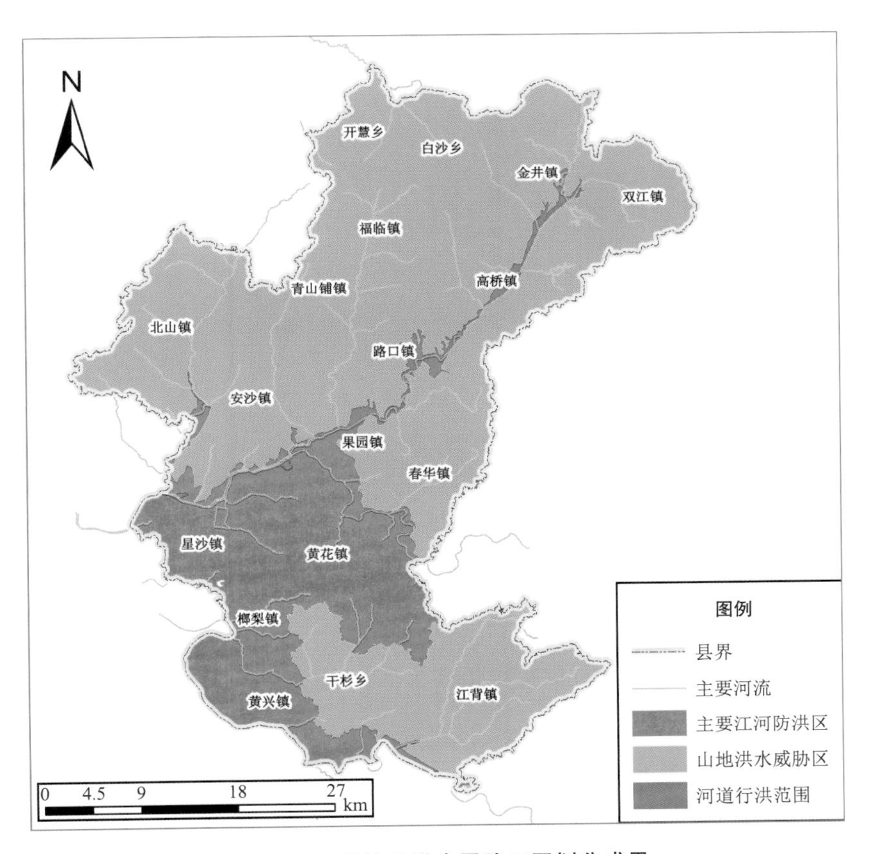

图4.2-2 长沙县洪水风险三区划分成果

4.2.2 洪水风险区划单元划分

洪水风险区划单元划分是指在三区划分成果基础上，根据地形地貌、流域边界、重要控制节点和防洪控制工程等，将主要江河防洪区、山地洪水威胁区和局地洪水威胁区进行进一步的细化分解，以便于针对单个区划单元开展洪水风险区划分析模型构建和洪水分析计算。

4.2.2.1 三区单元划分

对于主要江河防洪区，以流域、区域防洪规划为基础，考虑流域内不同区域的洪水来源及风险特征的差异性，结合流域内的地形地貌、内河与地物分割以及控制性工程等，按照防洪保护区、防潮保护区、蓄滞洪区、洪泛区、城区等类型，将流域划分为若干个子区域（图 4.2-3）。

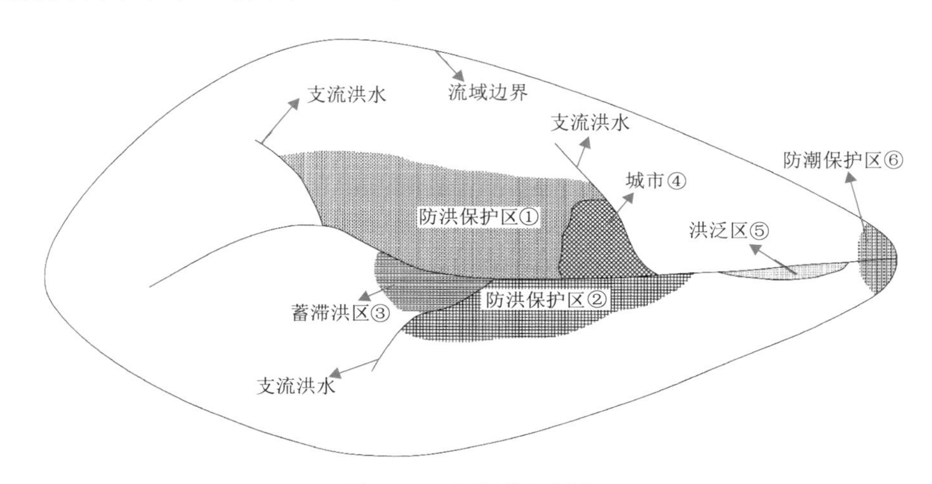

图 4.2-3　区划单元划分

对于山地洪水威胁区，以流域面积在 3000km² 以下的山区性河流为对象，根据洪水风险分析计算的需要，将山地洪水威胁区划分为若干个面积在 50～200km² 的子流域单元。

对于局地洪水威胁区，根据区域气候特点、降雨特征、地形地貌、行政区划和社会经济人口分布情况等，将局地洪水威胁区划分为若干个面积≥10km² 的子分析单元。

洪水风险区划在洪水分析计算的基础上，划定流域内河道（含河道型湖库）范围和防洪区范围。河道行洪范围区内为河道范围区；河道外洪水、风暴潮最大可能淹没的区域范围为防洪区。并结合区划单元划分成果，划定防洪区内各洪泛

区、蓄滞洪区和防洪保护区的范围和边界。

4.2.2.2 河道行洪范围划定

河道行洪范围的划定按有堤和无堤两种情况考虑，见图 4.2-4。

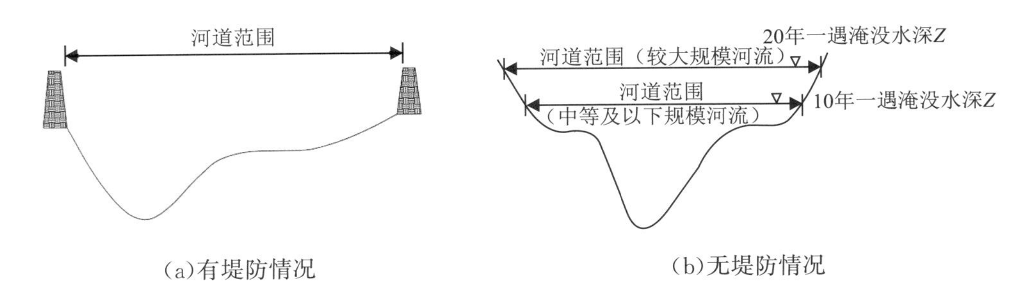

图 4.2-4 河道行洪范围划定

①两岸有堤防(指流域、区域防洪规划中确认的堤防，下同)或者规划建设堤防的河道(段)，其河道范围取河道两岸堤防之间的范围。

对于河道周边存在多道堤防、堤埝的情况，划定河道范围采用的河道堤防，应按照堤防离主河槽最近原则，并参考河道规划堤防分布及堤防标准的连续性等因素综合分析确定。

②两岸无堤防的河道(段)，其河道范围应根据流域防洪规划所确定的河道行洪范围进行划定，或由当地有管辖权的水行政主管部门确定。无相关规划成果作为依据时，可按以下标准确定：较大规模河流选用 20 年一遇洪水淹没范围，中等及以下规模河流选用 10 年一遇洪水淹没范围。

较大规模的河流指流域面积在 3000km^2 及以上的河流，中等及以下规模河流指流域面积小于 3000km^2 的河流。

4.2.2.3 其他防洪区单元划分

对于防洪规划中已明确的防洪保护区、蓄滞洪区和洪泛区，按照防洪规划所确定的边界划定区划单元。对于防洪规划中未明确各类防洪区边界的区域，依照流域的干支流顺序自下而上依次划定区划单元。

(1)防洪保护区

防洪保护区分为平原区和山丘区。平原区(一般为多河交叉区域)防洪保护以干流堤防标准同级或者低一级的河道堤防为边界划定。山丘区(一般为两山夹一河区域)防洪保护区以 20 年一遇(当干流堤防标准为 10 年一遇时，则取 10 年一遇)及以上标准的堤防至两侧高地所形成的封闭区域划定。干支流共同保护的区域划入干流防洪保护区；对于流域内无堤防或堤防防洪标准较低（一般指10年一遇及以下）的河流，可作为防洪保护区的内河考虑，不单独划分区划单元；流域内包含蓄滞洪区的，根据防洪规划的规定，单独划分为蓄滞洪区。

（2）蓄滞洪区

防洪规划中仅考虑了位置的蓄滞洪区，按照防洪规划确定的调度规则，考虑蓄滞洪区围堤等防洪工程和阻水建筑物的作用，采用流域洪水的最大可能淹没范围（较大规模河流采用200年一遇设计洪水，中等及以下规模采用100年一遇设计洪水）划定。

（3）洪泛区

河道行洪范围向外至防洪区边界（无外侧堤防保护的河道），或至河道最外侧堤防（有外侧堤防保护的河道）之间的区域划定。对于江河中的洲、岛区域，以河道范围向内至区域内高标准堤防（指堤防防洪标准≥20年一遇）之间的区域划定为洪泛区。如内部无高标准堤防，则河道范围向内至防洪区边界之间的区域为洪泛区。

4.2.2.4 长沙县洪水风险区划单元划分

（1）洪水风险区划单元划分方法

①对于已编制洪水风险图的区域，区划单元划分应结合已有洪水风险图编制单元划分情况进行综合划定。

②对于防洪保护区，考虑内部河流、堤防及公路铁路等线状阻水构筑物的分割影响，将具有不同洪源、淹没历时和退水进洪特征的地块单独划分子区划单元。防洪保护区内包含民垸、圩区等，且所包围面积大于10km^{2}的，单独划分子区划单元。

③对于蓄滞洪区，考虑内部隔堤、安全设施及调度规则等的影响，将具有不同启用频率、淹没特征的地块单独划分子区划单元。蓄滞洪区内包含安全区、安全台等，且面积大于5km^{2}的，单独划分子区划单元。

④对于洪泛区，考虑内部子堤（不包括流域或区域防洪规划确定之外的自建堤防）对洪水的影响。洪泛区内包含防洪规划中确认的民垸、生产堤等，且所包围面积大于2km^{2}的，单独划分子区划单元。

（2）洪水风险区划单元划分

以长沙县为例，根据已批复《长沙县超标准洪水预案》《长沙市城市防洪规划》等文件资料，对于在文件资料中已明确边界范围的洪泛区、蓄滞洪区和防洪保护区，按照防洪规划所确定的边界划定范围（包括高沙垸、水塘垸、团结垸、果园垸等已规划堤垸区域)。对于在文件资料中未明确各类防洪区边界的区域(包括浏阳河、捞刀河、金井河中上游沿线两岸区域),依照流域的干支流顺序自下而上依次划定。下游入河口段依据划定原则,划定为主要江河防洪区,上游河段主要以山区为主,划定为山地洪水威胁区,对于局部河段存在重要保护对象和地势平坦宽广地带根据要求划定主要江河防洪区。

由于长沙县相关防洪规划设计均未做明确的三区划分,因此对于防洪规划中未明确各类防洪区边界的区域,依照流域的干支流顺序自下而上将捞刀河上游山丘区段(一般为两山夹一河区域)有划定堤垸区域以堤垸现有范围划定防洪保护区,未划定堤垸河段干流以 10 年一遇及以上标准的堤防至两侧高地所形成的封闭区域划定,干支流共同保护的区域划入干流防洪保护区,下游平原区以现有划定的堤垸范围作为防洪保护区。

长沙县单元划分共涉及主要河流 4 条(捞刀河、浏阳河、金井河、白沙河),划定防洪保护区 13 处(其中含 1 处城区),洪泛区 14 处,山洪小流域 6 处。长沙县洪水风险区划单元划分成果见图 4.2-5 和表 4.2-1。

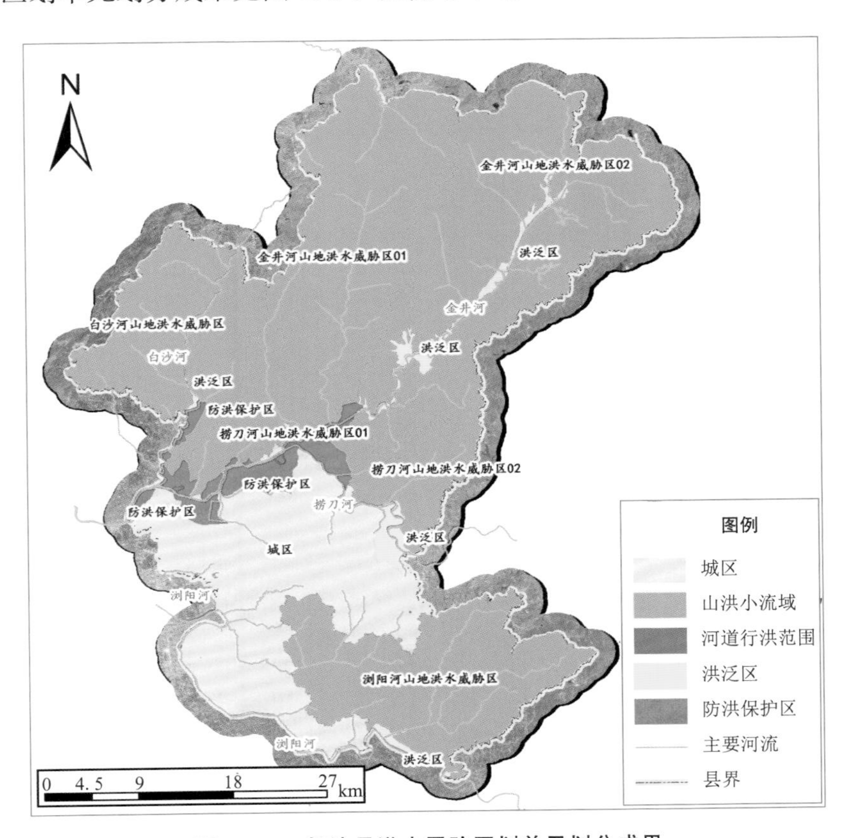

图 4.2-5 长沙县洪水风险区划单元划分成果

表 4.2-1　长沙县洪水风险区划单元划分成果

序号	区划单元名称	三区分区	序号	区划单元名称	三区分区
1	白沙河段山地洪水威胁区 01	山地洪水威胁区	20	捞刀河大堤古井垸段防洪保护区	主要江河防洪区
2	金井河段山地洪水威胁区 01	山地洪水威胁区	21	城区防洪保护区	主要江河防洪区
3	金井河段山地洪水威胁区 02	山地洪水威胁区	22	白沙河段左岸洪泛区 01	主要江河防洪区
4	浏阳河段右岸洪泛区 01	主要江河防洪区	23	白沙河段左岸洪泛区 02	主要江河防洪区
5	捞刀河	河道行洪范围	24	白沙河段左岸洪泛区 03	主要江河防洪区
6	浏阳河	河道行洪范围	25	白沙河段右岸洪泛区 01	主要江河防洪区
7	金井河	河道行洪范围	26	白沙河段右岸洪泛区 02	主要江河防洪区
8	白沙河	河道行洪范围	27	白沙河段左岸洪泛区 04	主要江河防洪区
	捞刀河大堤高沙垸段防洪保护区	主要江河防洪区	28	捞刀河段右岸洪泛区 01	主要江河防洪区
10	白沙河大堤水塘垸段防洪保护区	主要江河防洪区	29	捞刀河段左岸洪泛区 01	主要江河防洪区
11	捞刀河大堤三合垸段防洪保护区	主要江河防洪区	30	捞刀河段右岸洪泛区 02	主要江河防洪区
12	捞刀河大堤白塔垸段防洪保护区	主要江河防洪区	31	捞刀河段右岸洪泛区 03	主要江河防洪区
13	捞刀河大堤潭坊垸防洪保护区	主要江河防洪区	32	金井河段右岸洪泛区 01	主要江河防洪区
14	捞刀河大堤团结垸防洪保护区	主要江河防洪区	33	金井河段左岸洪泛区 01	主要江河防洪区
15	白沙河梅塘垸大堤段防洪保护区	主要江河防洪区	34	金井河段右岸洪泛区 02	主要江河防洪区
16	捞刀河大堤果园垸段防洪保护区	主要江河防洪区	35	捞刀河段山地洪水威胁区 01	山地洪水威胁区
17	金井河大堤红花垸段防洪保护区	主要江河防洪区	36	捞刀河段山地洪水威胁区 02	山地洪水威胁区
18	白沙河红旗垸大堤段防洪保护区	主要江河防洪区	37	浏阳河段山地洪水威胁区 01	山地洪水威胁区
19	白沙河上梅塘垸大堤段防洪保护区	主要江河防洪区			

4.2.3 洪水风险要素分析计算

4.2.3.1 区划单元洪水分析计算

区划单元洪水分析是指根据各区划单元的洪水来源、现状设防标准、洪水组合以及溃口位置等，确定各区划单元需要进行洪水分析计算的方案，包括洪源分析、洪水计算频率选取、洪水组合确定及溃口（分洪）位置选取等步骤。

（1）洪源分析

洪源分析涵盖区划单元可能遭受的所有洪水来源，包括河道洪水（含外河洪水、内河洪水）、暴雨内涝等，并考虑区内地形地貌、现状堤防和控制性工程等的影响，分析不同洪源的淹没特征和影响范围，为区划单元洪水分析提供依据。

例如，长沙县主要位于山地洪水威胁区，以岗地、平原为主。其中，岗地集中于县境南部、中东部和中北部地区，占全县总面积的51.34%；平原主要分布在湘江东岸和浏阳河、捞刀河及其支流两岸，占全县总面积的23.42%；丘陵分布在县内东部和南部，占全县总面积的12.17%；山地分布在县境西北、东北及东南边境地带，占全县总面积的8.35%；水面分布在全县各地，以河流、水库、溪港、山塘为主，占全县总面积的4.27%。鉴于长沙县地理特征以及防洪控制性工程现状，主要以降雨作为洪水风险分析的洪源，并根据实际情况合理考虑其他洪源的影响。

（2）洪水计算频率选取

洪水频率一般选取：5年一遇、10年一遇、20年一遇、50年一遇、100年一遇、200年一遇。其中，山地洪水威胁区洪水频率最高选取至100年一遇。根据流域、区域防洪特点，结合起算频率和最高洪水计算频率选取规则，考虑已编洪水风险图的洪水分析方案设置情况，选择以上洪水频率的典型集合进行风险要素值计算。

对于无设计洪水资料的地区，根据区域的设计暴雨或暴雨洪水查算手册，计算并推求区域不同暴雨频率下的设计洪水，再将其用于区划分析方案拟定。对于采用典型年洪水作为洪水分析计算输入条件的，将该场次洪水按照某一时段洪量或洪峰流量等指标换算成对应的洪水频率，以用于后期的综合风险度计算。

1）起算频率

区划单元洪水分析的洪水计算频率，选取河道堤防现状标准（指经过堤防整体防洪能力复核后的实际防洪能力标准）高一等级洪水频率作为起算频率，向上演算至最高计算频率。当堤防分段防洪标准不一致时，选取最低防洪标准作为起算频率。洪水分析计算的起算频率按以下规则选取：

①对于防洪保护区，选取河流堤防现状标准高一等级的洪水频率。

②对于蓄滞洪区，选取启用标准对应的洪水频率。

③对于洪泛区，选取河道行洪能力高一等级的洪水频率。

2）最高洪水计算频率

洪水分析计算的最高洪水计算频率按以下规则选取：

①流域防洪规划成果已明确范围的防洪区，可按防洪规划所确定的范围划定。

②有较确切的历史大洪水的观测资料或记载资料的河流，可依据相关资料进行整理、分析、调查核定后划定。

③洪水：较大规模河流采用 200 年一遇设计洪水，中等及以下规模河流采用 100 年一遇设计洪水，进行推演分析确定（较大规模的河流指流域面积 $3000km^2$ 及以上河流，中等及以下规模河流指流域面积小于 $3000km^2$ 的河流）。

以长沙县为例，根据已批复的《长沙县超标准防洪预案》以及实地情况，长沙县各乡镇主要河道堤岸基本是在自然河道基础上形成的，湘江东岸和浏阳河、捞刀河及其支流两岸修筑有堤防，防洪标准不一，除部分城区地段防洪标准能满足 100 年一遇洪水外，其他地段多为 10～30 年一遇，其余部分堤岸依靠自然地形挡洪，遇较大洪水则出现遭灾情况。

进行洪水分析计算时，对于有历史洪水资料地区，直接利用实测资料进行计算，对于无设计洪水资料的地区，采用区域的设计暴雨或暴雨洪水查算手册，计算并推求区域不同暴雨频率下的设计洪水，再将其用于区划单元洪水分析。由于各河流镇区与非镇区各段防洪标准不一致，因此，计算频率的选定采用“就低不就高”的原则，选取最低防洪标准 5 年一遇作为起算频率。

对洪水最大淹没范围进行分析时，较大规模河流采用 200 年一遇设计洪水，中等及以下规模河流采用 100 年一遇设计洪水，进行推演分析确定（较大规模的河流指流域面积 $3000km^2$ 及以上河流，中等及以下规模河流指流域面积小于 $3000km^2$ 的河流）。

综上分析，长沙县洪水频率选取：山地洪水威胁区洪水频率最高选择至 100

年一遇，浏阳河、捞刀河、金井河、白沙河流域选取5年一遇、10年一遇、20年一遇、50年一遇、100年一遇5种频率进行分析计算。

(3)洪水组合确定

洪水分析计算时，主要以河道洪水计算，考虑区域内地形地貌、现状堤防和控制性工程等影响，分析淹没特征和影响范围。

洪水分析计算时，洪涝频率组合应按照地区的实际组合情况进行确定。查阅长沙县历史洪水资料，长沙县主要为山区性洪水，考虑洪水风险分析洪涝组合时，主要以河道洪水计算，考虑区内地形地貌、现状堤防和控制性工程等的影响，分析淹没特征和影响范围。

对于防洪保护区、蓄滞洪区，以河道洪水分析为主，考虑区域涝水影响，可将区内涝水作为底水进行考虑；对于各河段洪泛区，以河道洪水分析为主，不考虑区域涝水；对于各河段城区，在分析外洪风险时，主要以河道洪水分析为主，考虑内涝影响；分析内涝风险时，以内涝分析为主，考虑外洪洪水对涝水外排的影响。

(4)溃口(分洪)位置选取

区划单元洪水分析还要考虑现状设防标准高一等级及以上频率洪水的堤防漫溃(堤防漫溢后形成的溃决，不计堤防超高)，未达到堤防漫溢条件的堤段不设溃口；不考虑现状设防标准及以下频率洪水的堤防溃决。对于漫溢段堤防经论证不易形成漫溢溃口的，可考虑只设漫溢段，不设溃口。特别是对于存在较长距离的洪水漫溢情况，且无法通过设置溃口有效减少堤防漫溢长度时，可考虑增设一定长度的堤防漫溢段。

根据长沙县主要河流历年险情，无历史堤防溃决情况发生，本次考虑只设漫溢段，不设堤防溃口情况。

4.2.3.2 风险要素计算确定

风险要素计算是根据采用的洪水风险区划分析方法，对拟定的区划单元洪水分析方案进行洪水风险分析计算后，得到的计算单元风险要素指标值的集合。风险要素指标一般包括最大淹没水深(h)、最大行进流速(v)、最大淹没历时(t)、产流系数、不同频率年最大24h点雨量等。

风险要素值计算方法包括水力学方法、水文水力学方法、水文学方法等。对于已编制过洪水风险图的地区，可选取洪水风险图编制成果中的部分计算方案作为该地区的洪水风险要素值计算成果。对于特殊情况，如资料不充分且洪水风险程度大小主要以淹没深度为主要特征的地区，可考虑只选取最大淹没水深(h)作为风险要素值指标，以反映主要洪水风险要素的相对大小和地区间差异。

(1)主要江河防洪区

对于已开展洪水风险图编制的区域，且区域内下垫面条件及防洪工程体系变化不大时，利用已有的洪水风险图洪水分析计算方案成果，选取其中最符合的洪水频率与溃口组合洪水分析方案作为风险要素分析计算的成果。具体步骤如下：

①根据研究区域河流水系和防洪工程布局，建立一维河道水力学模型，通过试算确定不同洪水频率下洪水漫溢的溃口位置，确定区划单元洪水分析方案；

②针对每种区划单元洪水分析方案，从已有的洪水风险图成果中选取同一洪水频率下距离试算溃口位置最近的溃口分析方案，作为该洪水频率下的洪水风险要素分析计算成果；

③根据以上选取的洪水风险图洪水分析方案计算成果，开展综合风险度 R 值的计算和等级划分。

对于未开展洪水风险图编制的地区，采用一、二维耦合水力学模型开展计算的研究区域，风险要素值包括最大淹没水深(h)、最大行进流速(v)、最大淹没历时(t)等 3 个风险要素指标。对于采用一维水动力学或水文学方法等开展风险要素分析计算的，根据不同洪水频率淹没的范围或洪水水位，叠加区域高精度 DEM 数据后形成计算单元的最大淹没水深(h)。

单一区划单元洪水分析各计算单元风险要素值按以下规则提取：

a. 淹没水深和行进流速取相应频率下整个洪水淹没过程中的最大值。

b. 淹没历时按淹没水深达到 0.15m 时刻起，至退水到水深 0.15m 时刻止进行统计计算。

对于流域内同一计算单元存在多个洪源、多个溃口均可淹没的，洪水风险要素值采用同一频率洪水淹没水深取外包的方式进行综合确定(图 4.2-6)。

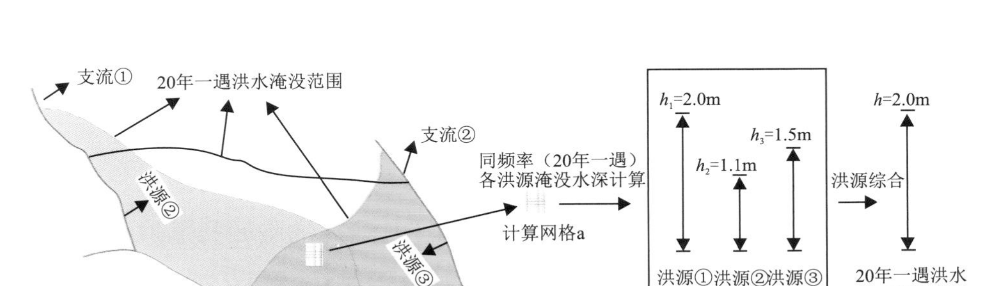

图 4.2-6 不同洪源同一频率洪水风险要素值取外包

以“最大淹没水深(h)”为主要因子，综合考虑“最大行进流速(v)”“最大淹没历时(t)”风险要素的影响，采用“当量水深(H)”指标整体反映计算单元在某一量级洪水频率下的风险程度大小，并按照如下公式计算：

$$H = \alpha_1 \alpha_2 h \tag{4.2-1}$$

式中：α_1——“最大行进流速”修正系数；

α_2——“最大淹没历时”修正系数。

其中，当 $v \geqslant 3.0$m/s 时，$\alpha_1 = 1.5$；当 3.0m/s$> v \geqslant 1.5$m/s 时，$\alpha_1 = 1.2$；当 $v <$ 1.5m/s 时，$\alpha_1 = 1.0$；当 $t \geqslant 7$d 时，$\alpha_2 = 1.5$；当 7d$> t \geqslant 3$d 时，$\alpha_2 = 1.2$；当 $t < 3$d 时，$\alpha_2 = 1.0$。

洪水风险要素分析确定根据不同流域面积采用以下几类方法：

1)集雨面积为 50～200km^2 的流域

对流域面积小于 200km^2 的河流洪水风险要素分析采用以下简化方法：

①河道特征点同频率水位两侧外延法。首先根据当地的暴雨图集或水文手册或中小流域水文图集等基础资料进行不同频率降雨设计，再结合地区经验公式或推理法计算不同频率降雨下的河道控制断面的洪峰流量，利用曼宁公式计算洪峰所对应的水位获得水面线，进行展延，叠加较高精度的 DEM，得到风险要素指标。

②洪峰流量—水位外延法。对于没有实测水文资料和降雨资料，但具有部分河道信息资料，采用当地暴雨图集或水文手册或中小流域水文图集等信息资料进行不同频率降雨设计，然后运用水文学方法计算不同频率降雨的洪水过程，再利用马斯京根方法推求流量，并通过水位流量关系获得河道水面线，以此沿程在垂直于河道水流方向水平外延至陆地或挡水建筑物(如堤防)得到风险要素。

③山洪灾害调查评价成果延用法。山洪灾害调查评价成果延用法主要用于

增补流域面积 200km^2 以下山丘区河流中呈散点(面)状分布的有沿河村落或居民点的河段洪水风险信息。

对于已开展山洪灾害调查评价的地区,若其成果中已包含有沿河村落或居民点的洪水危险区划分示意图(一般分为极高危险区、高危险区和危险区三档),直接将该洪水危险区划分示意图成果移植至洪水风险区划中的相应区域(图 4.2-7),且洪水风险等级按表 4.2-2 中的对应关系确定。

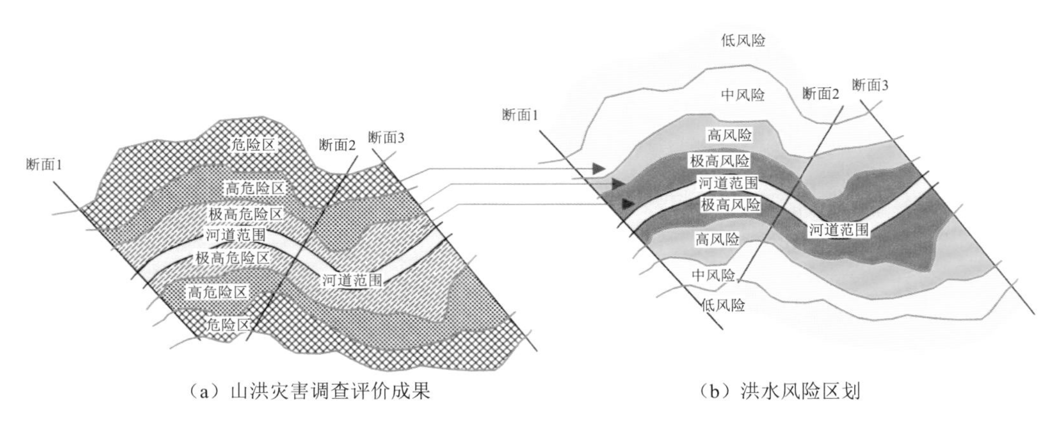

(a) 山洪灾害调查评价成果　　(b) 洪水风险区划

图 4.2-7　山洪灾害调查评价成果延用法

表 4.2-2　山洪灾害调查评价成果危险区等级与洪水风险等级对应关系

序号	山洪灾害调查评价成果危险区等级	洪水风险等级
1	极高危险区	极高风险
2	高危险区	高风险
3	危险区	中风险
4	其他区域	低风险

对于以上方法所涉及的山洪灾害调查评价成果河段,若该河段相邻上下游相对顺直且河道断面变化不大的,可以将洪水危险区划分示意图中的危险区范围向上下游河段延伸和扩展。

④河道淹没宽度缓冲法(图 4.2-8)。河道淹没宽度缓冲法主要适用于缺乏详细的河段断面资料、高精度地形图,但可以获取设计洪水资料的流域面积 200km^2 以下的山丘区河流。该方法可得到不同频率下的河道洪水最大淹没宽度信息。具体计算步骤如下:

第一步,根据河道两岸城镇乡村分布,从上游至下游出口选定至少 2 个控制断面,选定断面按"V"形断面对河道进行概化考虑。结合高精度 DEM 数据、高分

辨率遥感影像、水利普查数据等，综合确定河流坡降 J（或分河段坡降）、控制断面的糙率 n 和“V”形断面左右岸坡面平均坡角 m（弧度）。

第二步，根据当地的暴雨图集、水文手册或中小流域水文图集等基础资料，获取河道各断面不同频率（5 年、10 年、20 年、50 年和 100 年）设计洪水的洪峰流量 Q。

第三步，利用曼宁公式推算各控制断面不同频率洪峰流量 Q 对应的水面宽度 B，具体计算公式如下：

$$B=\left(\frac{Q}{K}\right)^{3/8} \tag{4.2-2}$$

$$K=\frac{\tan(m)J^{0.5}(\sin(m)/4)^{2/3}}{4n} \tag{4.2-3}$$

式中：K——综合参数，由河流坡降 J、糙率 n 和左右岸坡面平均坡角 m 等 3 个参数计算获得。

第四步，使用各控制断面的不同频率洪水淹没宽度，以河道中心线为基础向两岸延伸形成淹没区。其中，缓冲宽度 $B_{缓}$ 取上下游相邻控制断面中，相同频率洪峰流量 Q 对应的水面宽度 B 的较大值，以生成不同频率洪水的河道淹没区范围。

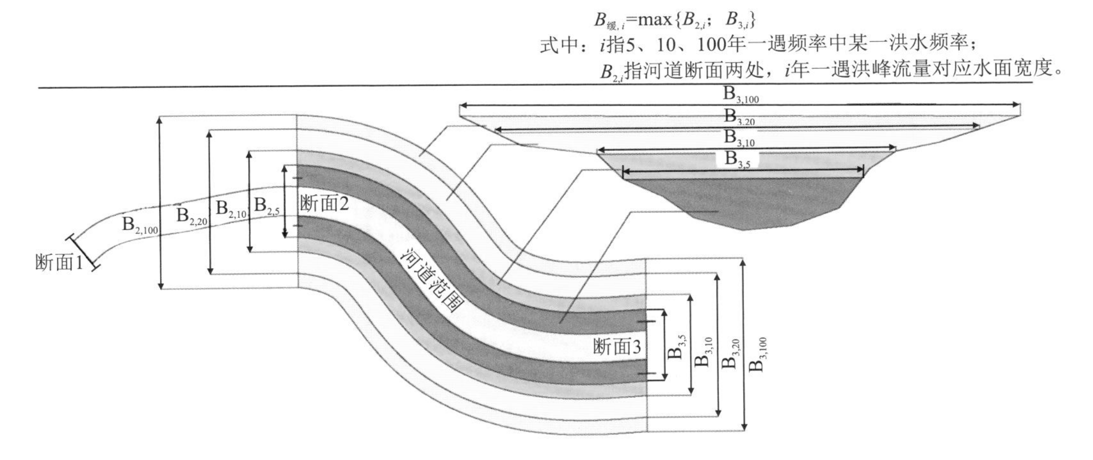

图 4.2-8　河道淹没宽度缓冲法

河道范围区结合高分辨率遥感影像，进行目视判读后综合确定。对于无实测河道中心线的河段，参考高分辨率遥感影像勾绘该河段的河道中心线。同时，利用高分辨率遥感影像和高精度 DEM 数据对河道淹没区宽度 B 的合理性进行分析判断，避免河道淹没区宽度过宽和导致局部高地被纳入淹没范围内。

⑤特征参数比较类推法。对于缺乏详细河段断面资料、高精度地形图，或者难以获取设计暴雨、设计洪水资料、流域面积 200km^2 以下的山丘区河流，参考山区沟道特征参数统计值，通过比较类推近似确定对应不同洪水风险等级的河(沟)道洪水淹没范围。一般可依据高分辨率遥感影像和高精度 DEM 数据确定河道主槽岸线，考虑河(沟)道主槽宽度、纵比降等因素，以主槽岸线为边界，参考表 4.2-3 距主槽边界距离(L)，将左、右两岸划分为 4 个带状区(图 4.2-9)，分别对应不同风险等级的洪水淹没区。表 4.2-3 中河(沟)道主槽宽度对应河(沟)道级别或规模，与流域面积、两年一遇洪峰流量具有正相关关系。

表 4.2-3　　不同洪水风险等级与沟道洪水淹没范围对照

沟道主槽宽度	距主槽边界距离 L(m)			
	极高风险区	高风险区	中风险区	低风险区
<20m	5～10	10～20	20～50	>50
20～50m	10～25	25～50	50～100	>100
50m 以上	25～50	50～100	100～200	>200

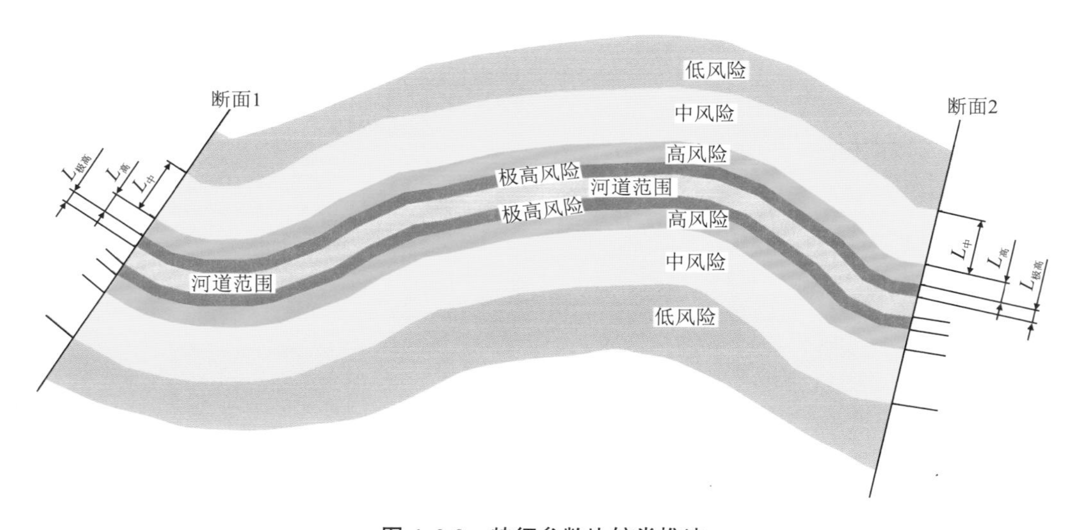

图 4.2-9　特征参数比较类推法

一般来说，河道主槽越宽，各外扩分档的间距取值越大；纵比降越大，各外扩分档的间距取值越小。对于多年平均径流量较大的宽浅型河道，其各外扩分档的间距取区间上限值。此外，各外扩分档的间距值要符合高分辨率遥感影像和高精度 DEM 数据所反映的地形特征。

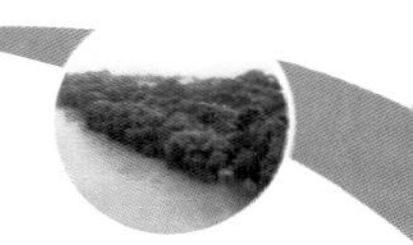

2)集雨面积为 200～3000km^2 的流域

利用实测断面数据,结合水文资料和高精度 DEM,主要采用方法有:

①水力学方法。对于具有设计洪水成果或水文实测资料丰富的地区,并且具备河道断面资料和较高精度的 DEM 数据,直接采用水力学方法(包括河道特征点同频率水位两侧外延法、洪峰流量—水位外延法、一维水力学模型、二维水力学模型或者一二维水动力学耦合模型)计算不同频率方案下的 3 个洪水风险要素。

②水文水力学方法。无设计洪水成果或水文实测资料,但降雨观测资料丰富或具有设计降雨成果,同时具备河道断面资料和较高精度的 DEM 数据,采用水文水力学方法。即首先利用降雨资料设计不同频率(与设计洪水同频)降雨,再通过水文学方法模拟不同频率降雨对应的洪水流量过程,作为水力学模型的边界条件,计算不同频率方案的 3 个洪水风险要素,开展洪水风险区划。

③水量平衡法。对于面积较小的防洪保护区或蓄滞洪区只有洪水总量或流量过程和 DEM 高程数据,采用水量平衡法进行洪水分析。若保护区为封闭区域,且面积较小,在已知分入(溃堤或漫堤)该区域的洪水总量或流量过程时,采用水量平衡法,并结合地形分析,得到风险要素。对于容量较小的蓄滞洪区,在已知分入(扒口或开启分洪闸等)该蓄滞洪区的洪水总量或流量过程时,采用水量平衡法,并结合地形分析,得到风险要素。

3)集雨面积 3000km^2 以上的流域

利用超标准洪水预案、洪水风险图等已有成果资料和系列较长的水文资料,主要采用精细化的洪水分析方法,如一维水力学模型、二维水力学模型或者一二维水力学耦合模型等方法,开展洪水要素分析计算。

①国家级重点蓄滞洪区、重要城市和重点中小河流采用模型分析方法进行洪水要素分析计算。

②流域干流及一级支流部分重要河段引用超标准洪水淹没图成果叠加地形 DEM 数据进行风险要素分析。

③其余河段采用以同频率水位两侧外延法或其他技术要求推荐可行方法进行风险要素分析计算。

以长沙县为例,其主要江河防洪区和山间平原区洪水风险要素分析确定以“最大淹没水深(h)”为主要判断因子,综合考虑“最大行进流速(v)”“最大淹没历时(t)”等洪水要素的影响。洪水风险要素计算方法及确定过程主要包括以下几步。

第一步，基础资料整理。

主要包括区域涉及的设计洪水、设计暴雨、高精度DEM、河道断面、社会经济状况和人口分布、历史洪水系列、历史暴雨系列、防洪工程状况、工程调度规则，以及流域、区域防洪规划等数据资料。

第二步，设计水位推求。

a. 糙率确定。

由于天然河道的形态和床面比较复杂，河道糙率一般采用河道实测资料求得。

糙率计算的基本公式为：

$$n = \frac{A}{Q} R^{\frac{2}{3}} J^{\frac{1}{2}} \tag{4.2-4}$$

式中：n——河道糙率；

A——过水断面面积；

R——水力半径；

J——水面比降；

Q——实测流量。

确定河道糙率的步骤是：首先按上式拟定一个糙率，然后自下而上依次推算各断面的水位，如推算河段末端的水位与实际水位相符合，则假定拟定的糙率即为所求；如不符合则应重新修改糙率值，并按上述步骤进行计算，直到完全符合为止。无资料地区可参照表4.2-4确定。

表4.2-4　天然河道糙率取值参考

类型	河段特征			糙率 n
	河床组成及床面特性	平面形态及水流形态	岸壁特性	
Ⅰ	河床为沙质，床面平整	河段顺直，断面规整，水流畅通	两侧岸壁为土质或土砂质，形状较整齐	0.020～0.024
Ⅱ	河床由岩板、砂砾或卵石组成	河段顺直，断面规整，水流畅通	两侧岸壁为土质或石质，形状较整齐	0.022～0.026

续表

类型		河段特征			糙率 n
		河床组成及床面特性	平面形态及水流形态	岸壁特性	
Ⅲ	1	河床为沙质，河底不太平顺	上游顺直，下游接缓弯，水流不够畅通，有局部回流	两侧岸壁为黄土，长有杂草	0.025～0.029
Ⅲ	2	河底由砂砾或卵石组成，底坡较均匀，床面尚平整	河道顺直段较长，断面较规整，水流较畅通，基本上无死水、斜流或回流	两侧岸壁为土砂、岩石，略有杂草、小树，形状较整齐	0.025～0.029
Ⅳ	1	细沙，河底中有稀疏的水草或水生植物	河段不够顺直，上下游附近弯曲，有挑水坝，水流不畅通	土质岸壁，一侧岸坍塌严重，为锯齿状，长有稀疏杂草及灌木，一侧岸坍塌，长有稠密杂草或芦苇	0.030～0.034
Ⅳ	2	河床由砾石或卵石组成，底坡尚均匀，床面不平整	顺直段距上弯道不远，断面尚且规整，水流尚且畅通，斜流或回流不明显	一侧岸壁为石质，陡坡，形状尚且整齐，另一侧岸壁为沙土，略有杂草、小树，形状较整齐	0.030～0.034
Ⅴ		河底由卵石、块石组成，间有大漂石，底坡尚均匀，床面不平整	顺直段夹于两弯道之间，距离不远断面尚且规整，水流显出斜流、回流或死水现象	两侧岸壁均为石质，陡坡，长有杂草、树木，形状尚且整齐	0.065～0.040
Ⅵ		河床由卵石、块石、乱石或大块石、大乱石及大孤石组成，床面不平整，底坡有凸凹状	河段不顺直，上下游有急弯，或下游有急滩，深坑等；河段处于“S”形顺直段，不整齐，有阻塞或岩溶情况发育；水流不通畅，有斜流、回流、漩涡、死水现象；河段上游有弯道或为两河汇口，落差大，水流急，河道有严重堵塞，或两侧有深入河中的岩石，伴有深潭或回流等；上游为弯道，河段不顺直，水行于深槽峡谷间，多阻塞	两侧岸壁为岩石及砂土，长有杂草、树木，形状尚且整齐；两侧岸壁为石砂质夹乱石，风化页岩，崎岖不平正，上面生长杂草，树木	0.040～0.100

b. 水面曲线推求。

天然河道蜿蜒曲折，过水断面形状不规则，粗糙系数及河道底坡沿程都有变化，其水力因素十分复杂。天然河道水位沿流程变化的微分方程式可用伯努里(Bernolli)能量方程表达：

$$-\frac{dz}{ds}=(\alpha+\zeta)\frac{d}{ds}\left[\frac{V^2}{2g}\right]+\frac{Q^2}{K^2} \tag{4.2-5}$$

式中：z——水位；

s——流程；

V——断面平均流速；

g——重力加速度，取 $9.81m/s^2$；

Q——流量；

K——流量模数，$K=AR^{2/3}/n$，其中 A 为过水断面面积，n 为糙率，R 为水力半径；

α——动能改正系数；

ζ——局部阻力(损失)系数。

式(4.2-5)求解用差分形式进行。计算河道划分以能控制河段水力要素变化为原则，视各计算河段内的水力要素变化均为线性变化。则上述微分方程可改写为差分方程：

$$\Delta z=(\alpha+\zeta)\frac{Q^2}{2g}\Delta\left[\frac{1}{\bar{A}^2}\right]+\frac{Q^2}{\bar{K}^2}\Delta s \tag{4.2-6}$$

式中：Δz——上下断面水位差，$\Delta z=Z_{上}-Z_{下}$；

Δs——计算流段间的间距；

$\Delta(1/\bar{A}^2)=1/A_{下}^2-1/A_{上}^2$。

近似采用：

$$1/\bar{K}^2=(1/K_{上}^2+1/K_{下}^2)/2$$

将以上各值代入式(4.2-6)，并把方程中同一断面的水流要素分别列在等式的两端，得到：

$$Z_{上}+(\alpha+\zeta)\frac{Q^2}{2gA_{上}^2}-\frac{\Delta sQ^2}{2K_{上}^2}=Z_{下}+(\alpha+\zeta)\frac{Q^2}{2gA_{下}^2}-\frac{\Delta sQ^2}{2K_{下}^2} \tag{4.2-7}$$

式(4.2-7)中水力要素的上、下标分别表示计算河段上、下游断面的相应水力要素值。大江大河一般采用实测水文测站流量成果，小流域无水文测站采用暴雨查算手册查算流量成果。

河道水面线可根据式(4.2-5)和式(4.2-6)用试算法求解，将各设计频率的设

计流量分别代入式(4.2-7),依次由起始断面上推,分别求出各测点断面的水位,从而求得整个计算河段的设计水面线。

第三步,洪水风险要素提取。

洪水风险要素提取根据计算需划分计算网格进行风险要素求算,根据计算精度确定分析网格尺寸,采用不同洪水频率淹没的范围或洪水水位,叠加区域DEM数据后形成不同洪水频率淹没情况下计算单元的不同"最大淹没水深(h)",采用水动力学模型分析的河段提取"最大行进流速(v)""最大淹没历时(t)"风险要素赋予计算网格,结合所划定计算网格,利用ArcGIS要素值提取,得到洪水风险要素数值。

例如,长沙县主要江河防洪区划定20m×20m计算网格45295个,采用水力学方法计算得到各计算网格在5年一遇、10年一遇、20年一遇、50年一遇、100年一遇5种不同洪水重现期下"最大淹没水深(h)"的数值,并将其作为主要指标计算当量水深H,不考虑"最大行进流速(v)""最大淹没历时(t)"的影响。长沙县主要江河防洪区洪水风险要素计算结果见表4.2-5。

表4.2-5　长沙县主要江河防洪区洪水风险要素分析计算结果

序号	所在流域	计算单元	洪水频率	水位(m)	起淹水位(m)	最大淹没水深h(m)	当量水深H(m)
1	捞刀河	计算单元01	5年一遇	34.67	37.43	0.00	0.00
			10年一遇	36.04		0.00	0.00
			20年一遇	37.22		0.00	0.00
			50年一遇	38.21		0.78	0.78
			100年一遇	38.86		1.43	1.43
2	捞刀河	计算单元02	5年一遇	34.78	37.66	0.00	0.00
			10年一遇	36.09		0.00	0.00
			20年一遇	37.33		0.00	0.00
			50年一遇	38.50		0.84	0.84
			100年一遇	39.17		1.51	1.51
3	捞刀河	计算单元03	5年一遇	34.89	37.66	0.00	0.00
			10年一遇	36.20		0.00	0.00
			20年一遇	37.45		0.00	0.00
			50年一遇	38.64		0.75	0.75
			100年一遇	39.33		1.44	1.44

续表

序号	所在流域	计算单元	洪水频率	水位（m）	起淹水位（m）	最大淹没水深 h（m）	当量水深 H（m）
4	捞刀河	计算单元 04	5 年一遇	35.12	37.89	0.00	0.00
			10 年一遇	36.41		0.00	0.00
			20 年一遇	37.66		0.00	0.00
			50 年一遇	38.87		0.76	0.76
			100 年一遇	39.59		1.48	1.48
5	捞刀河	计算单元 05	5 年一遇	35.30	37.89	0.00	0.00
			10 年一遇	36.57		0.00	0.00
			20 年一遇	37.82		0.00	0.00
			50 年一遇	39.05		0.70	0.70
			100 年一遇	39.78		1.43	1.43
6	捞刀河	计算单元 06	5 年一遇	35.31	38.11	0.00	0.00
			10 年一遇	36.57		0.00	0.00
			20 年一遇	37.82		0.00	0.00
			50 年一遇	39.06		0.81	0.81
			100 年一遇	39.79		1.54	1.54
…	…	…	…	…	…	…	…
45292	捞刀河	计算单元 45292	5 年一遇	45.18	46.42	0.00	0.00
			10 年一遇	46.02		0.00	0.00
			20 年一遇	46.91		0.49	0.49
			50 年一遇	47.85		1.43	1.43
			100 年一遇	48.48		2.06	2.06
45293	捞刀河	计算单元 45293	5 年一遇	45.71	46.91	0.00	0.00
			10 年一遇	46.56		0.00	0.00
			20 年一遇	47.45		0.54	0.54
			50 年一遇	48.38		1.47	1.47
			100 年一遇	48.92		2.01	2.01

续表

序号	所在流域	计算单元	洪水频率	水位(m)	起淹水位(m)	最大淹没水深 h(m)	当量水深 H(m)
45294	捞刀河	计算单元45294	5年一遇	46.87	48.65	0.00	0.00
			10年一遇	48.12		0.00	0.00
			20年一遇	49.09		0.44	0.44
			50年一遇	49.78		1.13	1.13
			100年一遇	50.39		1.74	1.74
45295	捞刀河	计算单元45295	5年一遇	47.96	49.78	0.00	0.00
			10年一遇	49.33		0.00	0.00
			20年一遇	50.35		0.57	0.57
			50年一遇	51.02		1.24	1.24
			100年一遇	51.67		1.89	1.89

(2)山地洪水威胁区、局地洪水威胁区

1)山地洪水威胁区

对于已开展山丘区中小河流洪水淹没范围图编制的河流，直接采用该项成果中的河流不同洪水频率下的洪水淹没范围结果，叠加区域DEM数据后，形成不同洪水频率下计算单元的最大淹没水深(h)，作为各洪水频率下的洪水风险要素分析计算成果，用于综合风险度 R 值的计算和等级划分。

对于未开展山丘区中小河流洪水淹没范围图编制的河流，流域面积在200km^{2}及以上的，采用水力学法或水文水力学法开展风险要素分析计算，得到不同洪水频率下计算单元的最大淹没水深(h)；流域面积在200km^{2}以下的，采用已有的调查评价河段不同频率洪水淹没范围结果，叠加区域DEM数据后，形成不同洪水频率下计算单元的最大淹没水深(h)。

山地洪水威胁区一般以独立的小流域单元(流域面积在50～200km^2)为对象进行划定。按照区内降雨产汇流过程的空间差异性，将山地洪水威胁区(即某一个小流域单元)划分为坡面区域(一般为坡面产汇流区)和溪河洪水影响区域(一般为两山夹一河的行洪沟道)。一般来说，山地洪水威胁区的坡面区域洪水风险较小，溪河洪水影响区域的洪水风险则相对较大，在开展具体洪水风险分析时需区分。

山地洪水威胁区溪河洪水影响区采用的分析方法同主要江河防洪区。

山地洪水威胁区坡面区域主要以不同频率下年最大24h点雨量、产流系数、修正系数法进行洪水分析。主要采用以下方法。

产流系数法:在降雨较少、洪水威胁总体不大情况下,以区划单元内产流系数和不同频率下24h最大降雨量为洪水风险要素指标。

水文产流法:首先根据当地的暴雨图集或水文手册或中小流域水文图集等基础资料进行不同频率降雨设计,然后进行产流计算(扣除损失,包括蒸发、入渗等)。一般乘以径流系数,获得净雨量,再基于DEM数据平铺产流水量,得到风险要素指标。

2)局地洪水威胁区

对于局地洪水威胁区,采用产流系数法开展洪水风险要素分析计算,风险要素主要包括不同频率下年最大24h点雨量、产流系数等指标。不同频率下年最大24h点雨量值根据地区水文手册、暴雨图集等资料中的年最大24h点雨量均值和C_v值等值线图进行分析计算后得到。产流系数可使用各地区已有的径流系数均值等值线图进行选取,或者利用当地或临近区域的实测降雨、径流序列等资料,采用水文学法进行推算得到。

以长沙县为例,长沙县山地洪水威胁区洪水风险要素值主要以不同频率下的年最大24h点雨量、产流系数、修正系数等数值的分析计算来确定。根据洪水风险分析计算的需要,将长沙县山地洪水威胁区划分为6个集雨面积为50～200km^2的子流域单元。然后,充分利用长沙县山洪灾害调查中相关设计暴雨成果、设计洪水成果、临界雨量模型分析成果、预警指标成果等,根据区域内水文资料等情况进行比较分析和论证分析。

①水文资料收集。

在雨量观测资料短缺或无雨量观测资料的地区,根据长沙县的暴雨图集、水文手册等基础性资料,或者经过审批的各种降雨历时点暴雨统计参数等值线图,查算各种历时设计暴雨雨量;或者根据暴雨公式进行不同降雨历时设计雨量的转化。在观测资料充分的地区,运用长沙县雨量观测系列推求暴雨统计参数,并运用湖南省暴雨图集和水文手册作为参证,以评价长沙县资料计算统计参数的合理性,并作适当修正。

长沙县通过分析湖南省年最大24h点雨量均值等值线，绘制年最大24h点雨量均值等值线图、年最大24h点雨量C_v等值线图。此外，查到涉及流域的相关主要控制站湘潭水文站、双江口水文站、榔梨水文站的设计洪水，频率曲线采用P—Ⅲ型曲线，收集站点降雨资料进行成果论证分析。

②设计暴雨计算。

长沙县设计暴雨的计算主要以2015版的《湖南省暴雨查算手册》(以下简称《手册》)为主，设计暴雨参数计算涉及不同时段、不同频率暴雨量及变差系数C_v、偏态系数C_s与变差系数C_v的比值(C_s/C_v)的确定。

第一步，根据《手册》附图1湖南省暴雨一致区区划图查知分析对象所处的湖南省暴雨分区。

第二步，对《手册》附图5至附图12湖南省10min、1h、6h和24h雨量均值和C_v值等值线图进行处理，结合长沙县工作底图，对暴雨图集资料进行数字化并与长沙县小流域叠加，得到长沙县10min、1h、6h和24h雨量均值和C_v值等值线图，从图中可获取10min、1h、6h和24h的暴雨的均值和C_v值。

第三步，基于以上成果，获得各分析评价对象的10min、1h、6h和24h暴雨的均值和C_v值，按照$C_s=3.5C_v$，查《手册》的“皮尔逊-Ⅲ型曲线模比系数K_p值表”，可以得到各计算单元不同设计频率的设计点雨量。暴雨频率选择5年一遇、10年一遇、20年一遇、50年一遇、100年一遇5种频率。

根据以上步骤，计算得到洪水风险要素分析对象5年一遇、10年一遇、20年一遇、50年一遇、100年一遇5种频率设计24h点暴雨。

③产流系数。

由于各流域所处的地理位置不同和各次降雨特性的差异，产流情况相当复杂。流域产流系数的选取一般以水文站点实测为准或者根据历史经验数据取值。长沙县产流系数取值根据流域和临近流域水文站点多年实测值来获取。

④修正系数α。

对于局地洪水威胁区，α一般选取为0.1。对于山地洪水威胁区，α一般根据区域临界雨量对应的设计雨量频率，结合地形坡度、坡地类型(小河沟、积水洼地或坡面)、土壤类型、植被覆盖和洪水灾害易发性等情况，进行综合取值。取值标准见表4.2-6。

表 4.2-6 山地洪水威胁区 α 取值标准

临界雨量对应设计雨量	α 值
临界雨量≤P=20%的设计值雨量	0.6～1.0
P=5%的设计值雨量≥临界雨量 P=20%的设计值雨量	0.3～0.6
临界雨量>P=5%的设计值雨量区域	0.1～0.3

注：地形坡度较大、坡地类型为积水洼地或小河沟、植被覆盖较差和洪水灾害易发性较高的区域，α 值取区间上限；地形坡度较小、坡地类型为坡面、植被覆盖较好和洪水灾害易发性较低的区域，α 值取区间下限。

根据已审查通过的《长沙县山洪灾害分析评价》报告，得到长沙县范围内不同小流域临界雨量值对应的设计暴雨频率主要在 5%～20%，仅有少部分地区存在设计暴雨频率大于 20%的分散情况。因此，α 取值区间一般为 0.3～0.6。

⑤风险要素提取。

山地洪水威胁区风险要素提取一般需先以流域为单元划分计算格网，即最小分析计算单元，再进行分析要素的求算，按照县域内浏阳河、捞刀河、白沙河、金井河分布，山地洪水威胁区划定 50～200km^2 山洪小流域 6 个。利用《湖南省暴雨查算手册》，结合所划定小流域的地理位置、流域面积等，分析流域相应不同频率最大 24h 点雨量、产流系数和流域内山洪灾害分析评价临界雨量等洪水风险要素。长沙县山地洪水威胁区各计算单元在不同洪水频率下洪水风险要素分析计算成果见表 4.2-7。

表 4.2-7 长沙县山地洪水威胁区各计算单元在不同洪水频率下洪水风险要素分析计算结果

序号	所在流域	山洪小流域	降雨频率	修正系数 α	产流系数 F	最大 24h 点雨量(mm)
1	浏阳河	长沙市浏阳河山地洪水威胁区	5 年一遇	0.45	0.7	135
			10 年一遇			167
			20 年一遇			199
			50 年一遇			240
			100 年一遇			271

续表

序号	所在流域	山洪小流域	降雨频率	修正系数 α	产流系数 F	最大 24h 点雨量（mm）
2	金井河	长沙市金井河山地洪水威胁区 01	5 年一遇	0.45	0.7	136
			10 年一遇			167
			20 年一遇			196
			50 年一遇			234
			100 年一遇			263
3	金井河	长沙市金井河山地洪水威胁区 02	5 年一遇	0.45	0.7	139
			10 年一遇			172
			20 年一遇			205
			50 年一遇			247
			100 年一遇			279
4	白沙河	长沙市白沙河山地洪水威胁区	5 年一遇	0.45	0.7	132
			10 年一遇			164
			20 年一遇			195
			50 年一遇			236
			100 年一遇			266
5	捞刀河	长沙市捞刀河山地洪水威胁区 01	5 年一遇	0.45	0.7	137
			10 年一遇			168
			20 年一遇			199
			50 年一遇			238
			100 年一遇			267
6	捞刀河	长沙市捞刀河山地洪水威胁区 02	5 年一遇	0.45	0.7	137
			10 年一遇			168
			20 年一遇			199
			50 年一遇			238
			100 年一遇			267

4.2.3.3 综合风险度计算

(1)区划单元综合风险度计算

对于风险要素值为最大淹没水深、最大行进流速、最大淹没历时 3 个风险要素指标或仅为最大淹没水深的区划单元,各计算单元的“综合风险度(R)”值(图 4.2-10),按以下公式计算:

$$R=\sum_{i=0}^{n-1}(p_i-p_{i+1})\frac{(H_i+H_{i+1})}{2} \tag{4.2-8}$$

式中:p_i——某一洪水淹没频率(如 10 年一遇时,p_i 取 0.1);

H_i——该计算单元对应 p_i 的“当量水深(H)”值。

由于利用上述公式计算期望值时,计算单元的洪水淹没指标值 H_i 在起淹洪水频率处存在跳跃,因此假定在计算时 p_0 始终为起淹洪水频率的下一级洪水频率(如计算单元 a 的起淹洪水频率为 10 年一遇,则 $p_0=0.2$,即对应 5 年一遇洪水频率),且对应的 $H_0=0$;而 p_i、p_n 则分别为该计算单元的起淹洪水频率和最高洪水计算频率。

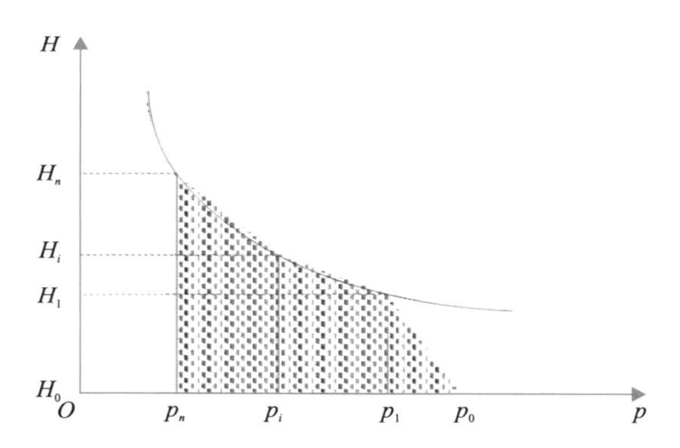

图 4.2-10 综合风险度计算(阴影部分面积即为 R)

对于风险要素值为不同频率下年最大 24h 点雨量、产流系数的区划单元,采用产流系数法计算各计算单元的综合风险度(R)值。具体计算公式如下:

$$R=\alpha\times F\times\sum_{i=0}^{n-1}(p_i-p_{i+1})\frac{(P_i+P_{i+1})}{2} \tag{4.2-9}$$

式中:α——修正系数;

F——产流系数;

p_i——5 年、10 年、20 年、50 年、100 年一遇频率中某一降雨频率(如 10 年一遇时,p_i 取 0.1),P_i 为该计算单元对应 p_i 降雨频率下的“24h 最大点雨量值”。

对于局地洪水威胁区，α 一般选取为 0.1。对于山地洪水威胁区，α 一般根据区域临界雨量对应的设计雨量频率，结合地形坡度、坡地类型（小河沟、积水洼地或坡面）、土壤类型、植被覆盖和洪水灾害易发性等情况，进行综合取值。取值标准见表 4.2-6。

关于临界雨量的说明与计算参照《山洪灾害调查与评价技术规范》(SL 018—767)：

①在确定成灾水位的基础上，根据流域特征、下垫面条件及土壤特性等计算沿河村落、重要乡（镇）等居民区的临界雨量。

②流域面积小于 200km^2 时，采用成灾流量反推法。根据居民控制断面处水位流量关系，推算出成灾水位对应的流量值，再根据设计暴雨洪水计算方法和典型暴雨时程分布，考虑土壤不同含水率条件下（湿润、一般、干旱）反推设计洪水洪峰达到该流量值时，各个预警时段设计暴雨的雨量，将其作为临界雨量。

③流域面积大于 200km^2 时，采用实时水文模型法动态确定临界雨量。基于控制断面以上流域分布式水文模型，根据实时降雨量，进行流域产汇流计算和河道洪水演进计算，得到控制断面处洪水流量。以控制断面洪水流量达到临界流量时的实时雨量作为临界雨量。

④不同地区可根据流域地形地貌特征、资料条件等选择合适的临界雨量确定方法。

(2)标准网格综合风险度赋值

公里格网数据分布处理技术是目前较为先进和成熟的一种数据分布技术，它可以将以行政区划为单位的数据转变为以公里格网为单位，避免了行政区划分割造成的数据分配错误，从而保证了灾情快速评估结果的有效性，对灾害风险评估、区域统计分析等有重要的应用意义。为能够较直观准确地反映专题数据在区域内的空间分布特征，提高数据使用时的准确性和可靠性，体现辖区专题数据的内部差异，需要对标准网格综合风险度 R 赋值，根据全国范围标准网格数据格式（即 1km×1km 规则网格），将洪水风险三区划分计算单元上的综合风险度 R 值，通过面积加权平均法赋值至标准网格上。

对于标准网格覆盖多个综合风险度 R 值计算单元的，标准网格综合风险度 R 值等于各栅格综合风险度 R 值同各栅格与标准网格重叠区域面积占比的乘积之和，计算公式如下：

$$R = \sum_{i=1}^{n} R_n \frac{S_n}{S} \tag{4.2-10}$$

式中：R——标准网格综合风险度 R 值；

R_n——第 n 个栅格的综合风险度 R 值；

S——标准网格区域面积；

S_n——第 n 个栅格与标准网格重叠区域面积。

对于标准网格位于单个综合风险度 R 值计算单元内的，标准网格综合风险度 R 值等于该栅格综合风险度 R 值。

(3)其他类型的综合风险度确定

①对于仅有不同频率洪水淹没范围信息的区划单元，直接利用其所对应的洪水淹没频率，按照表 4.2-8 确定综合风险度 R 值。

表 4.2-8　不同频率洪水淹没范围对应的风险等级和 R 值

洪水重现期	洪水风险等级	R 值
＞河道行洪范围，≤5 年一遇	极高风险	1.00
＞5 年一遇，≤10 年一遇	高风险	0.75
＞10 年一遇，≤20 年一遇	中风险	0.35
20 年一遇至 100 年一遇(或历史最大洪水、PMF)	低风险	0.10

②对于常年有水的湖泊范围及河道行洪范围区域，其 R 值直接赋值为－1。

③对于局地洪水威胁区内存在河流水系且洪水可能淹及的区域，根据需要在产流系数法计算得到的综合风险度 R 值基础上，补充计算区域内河流不同频率洪水淹没条件下的综合风险度 R 值，并取两者中的最大值为相应计算单元的综合风险度 R 值。

以长沙县主要江河防洪区“计算单元 01”、山地洪水威胁区“浏阳河山地洪水威胁区小流域”为例，依据区划单元分区情况，利用不同频率风险要素值代入“综合风险度(R)”公式求算综合风险度指标(图 4.2-11)：

计算单元 01：

选取频率 $p_5=0.2$，$p_{10}=0.1$，$p_{20}=0.05$，$p_{50}=0.02$，$p_{100}=0.01$。

当量水深 $H_5=0\text{m}$，$H_{10}=0\text{m}$，$H_{20}=0.49\text{m}$，$H_{50}=1.43\text{m}$，$H_{100}=2.06\text{m}$。

起算频率为 10 年一遇，最高频率为 100 年一遇，带入求得综合风险度 $R=0.58$，其他主要江河防洪区计算单元综合风险度 R 值计算以此类推。

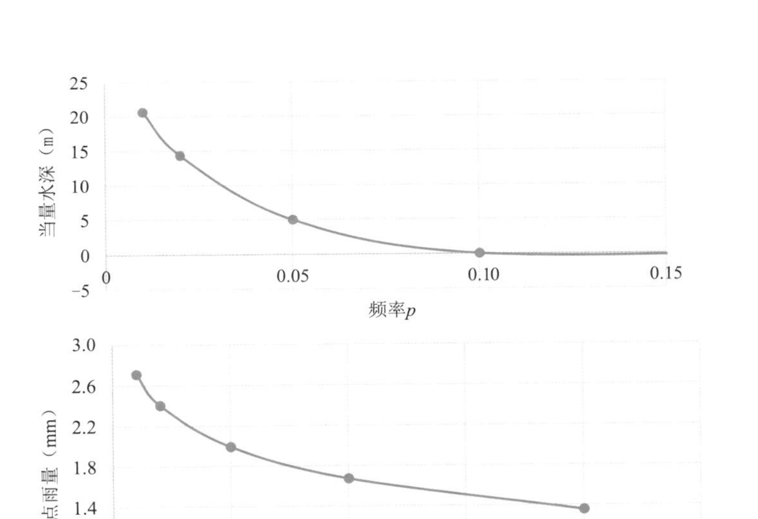

图 4.2-11　不同频率风险要素计算结果(计算单元 01 和浏阳河山洪小流域)

浏阳河山地洪水威胁区小流域：

点雨量 $P_5=135$mm，$P_{10}=167$mm，$P_{20}=199$mm，$P_{50}=240$mm，$P_{100}=271$mm。

修正系数 $\alpha=0.45$，产流系数 $F=0.7$。

起算频率为 5 年一遇，最高频率为 100 年一遇，带入求得 $R=0.105$，其他山地洪水威胁区小流域计算单元综合风险度 R 值计算以此类推。

经计算统计，长沙县综合风险度 R 值($R<0.15$)的计算网格 22557 个，其中含山洪小流域 6 个，主要江河防洪区计算网格 22547 个，河道行洪范围 4 个；综合风险度 R 值($0.15\leqslant R<0.5$)的计算网格 18818 个；综合风险度 R 值($0.5\leqslant R<1$)的计算网格 1804 个；综合风险度 R 值($R\geqslant 1$)计算网格 2126 个。长沙县主要江河防洪区、山地洪水威胁区综合风险度成果分别见表 4.2-9、表 4.2-10。

表 4.2-9　　长沙县主要江河防洪区综合风险度计算分析结果(示例)

序号	所在流域	计算单元	洪水频率	最大淹没水深 h(m)	当量水深 H(m)	综合风险度 R
1	捞刀河	计算单元 01	5 年一遇	3.467	0	0.58
			10 年一遇	3.604	0	
			20 年一遇	3.722	0.49	
			50 年一遇	3.821	1.43	
			100 年一遇	3.886	2.06	

续表

序号	所在流域	计算单元	洪水频率	最大淹没水深 h(m)	当量水深 H(m)	综合风险度 R
2	捞刀河	计算单元 02	5 年一遇	3.478	0	0.24
			10 年一遇	3.609	0	
			20 年一遇	3.733	0	
			50 年一遇	3.850	0.84	
			100 年一遇	3.917	1.51	
3	捞刀河	计算单元 03	5 年一遇	3.489	0	0.22
			10 年一遇	3.620	0	
			20 年一遇	3.745	0	
			50 年一遇	3.864	0.75	
			100 年一遇	3.933	1.44	
4	捞刀河	计算单元 04	5 年一遇	3.512	0	0.23
			10 年一遇	3.641	0	
			20 年一遇	3.766	0	
			50 年一遇	3.887	0.76	
			100 年一遇	3.959	1.48	
5	捞刀河	计算单元 05	5 年一遇	3.530	0	0.21
			10 年一遇	3.657	0	
			20 年一遇	3.782	0	
			50 年一遇	3.905	0.7	
			100 年一遇	3.978	1.43	
6	捞刀河	计算单元 06	5 年一遇	3.531	0	0.24
			10 年一遇	3.657	0	
			20 年一遇	3.782	0	
			50 年一遇	3.906	0.81	
			100 年一遇	3.979	1.54	
…	…	…	…	…	…	…

续表

序号	所在流域	计算单元	洪水频率	最大淹没水深 h(m)	当量水深 H(m)	综合风险度 R
45292	捞刀河	计算单元 45292	5 年一遇	4.518	0	0.58
			10 年一遇	4.602	0	
			20 年一遇	4.691	0.49	
			50 年一遇	4.785	1.43	
			100 年一遇	4.848	2.06	
45293	捞刀河	计算单元 45293	5 年一遇	4.571	0	0.61
			10 年一遇	4.656	0	
			20 年一遇	4.745	0.54	
			50 年一遇	4.838	1.47	
			100 年一遇	4.892	2.01	
45294	捞刀河	计算单元 45294	5 年一遇	4.687	0	0.49
			10 年一遇	4.812	0	
			20 年一遇	4.909	0.44	
			50 年一遇	4.978	1.13	
			100 年一遇	5.039	1.74	
45295	捞刀河	计算单元 45295	5 年一遇	4.796	0	0.57
			10 年一遇	4.933	0	
			20 年一遇	5.035	0.57	
			50 年一遇	5.102	1.24	
			100 年一遇	5.167	1.89	

表 4.2-10　　长沙县山地洪水威胁区综合风险度计算分析结果(示例)

序号	所在流域	山洪小流域	降雨频率	最大 24h 点雨量(mm)	修正系数 α	产流系数 F	综合风险度 R
1	浏阳河	长沙市浏阳河山地洪水威胁区	5 年一遇	135	0.45	0.7	0.105
			10 年一遇	167			
			20 年一遇	199			
			50 年一遇	24			
			100 年一遇	271			

续表

序号	所在流域	山洪小流域	降雨频率	最大24h点雨量(mm)	修正系数 α	产流系数 F	综合风险度 R
2	金井河	长沙市金井河山地洪水威胁区01	5年一遇	136	0.45	0.7	0.104
			10年一遇	167			
			20年一遇	196			
			50年一遇	234			
			100年一遇	263			
3	金井河	长沙市金井河山地洪水威胁区02	5年一遇	139	0.45	0.7	0.108
			10年一遇	172			
			20年一遇	205			
			50年一遇	247			
			100年一遇	279			
4	白沙河	长沙市白沙河山地洪水威胁区	5年一遇	132	0.45	0.7	0.103
			10年一遇	164			
			20年一遇	195			
			50年一遇	236			
			100年一遇	266			
5	捞刀河	长沙市捞刀河山地洪水威胁区01	5年一遇	137	0.45	0.7	0.106
			10年一遇	168			
			20年一遇	199			
			50年一遇	238			
			100年一遇	267			
6	捞刀河	长沙市捞刀河山地洪水威胁区02	5年一遇	137	0.45	0.7	0.106
			10年一遇	168			
			20年一遇	199			
			50年一遇	238			
			100年一遇	267			

4.3 县域洪水风险等级划分

4.3.1 风险等级划分标准

风险等级用于表征区划分析模型中各计算单元以及洪水风险区划图中不同

区域(块)的洪水风险程度。计算单元的风险等级由不同频率下的综合风险度指标值,根据给定的判别规则进行综合确定。

风险等级共分为低风险、中风险、高风险、极高风险4个级别。计算单元的风险等级以“综合风险度(R)”为指标,按以下规则进行确定:$R<0.15$为“低风险”,$0.15\leqslant R<0.5$为“中风险”,$0.5\leqslant R<1$为“高风险”,$R\geqslant 1$为“极高风险”,其中河道行洪范围直接定义为-1。基本风险度矩阵见表4.3-1。

表4.3-1　基本风险度矩阵

洪水频率(重现期/年)	当量水深(m)									
	0.5	1.0	1.5	2.0	2.5	3.0	3.5	4.0	4.5	5.0
5	0.5	1.0	1.5	2.0	2.5	3.0	3.5	4.0	4.5	5
10	0.25	0.5	0.75	1.0	1.25	1.5	1.75	2.0	2.25	2.5
20	0.125	0.25	0.375	0.5	0.625	0.75	0.875	1.0	1.125	1.25
50	0.075	0.15	0.225	0.3	0.375	0.45	0.525	0.6	0.675	0.75
100	0.025	0.05	0.075	0.1	0.125	0.15	0.175	0.2	0.225	0.25
200	0.0125	0.025	0.0375	0.05	0.0625	0.075	0.0875	0.1	0.1125	0.125

注:基本风险度是指在只考虑单一洪源和单个洪水频率下计算得到的综合风险度(R)值及其对应的风险等级。

综合风险度R值及洪水风险等级划分成果要覆盖全部洪水风险区划对象范围及制图区域。经各频率洪水(或暴雨)的洪水风险分析计算均不形成淹没或有效积水(即最大淹没水深不大于0.05m)的区域,其洪水风险等级可直接确定为低风险。

以长沙县捞刀河流域“计算单元01”为例,按照上述方法求得综合风险度R值为“0.23”,根据等级判别规则,该计算网格单元属于$0.15\leqslant R<0.5$,为中风险。其他计算网格依据不同频率风险要素值计算的综合风险度结果,按照等级判别规则,确定不同类型的洪水风险等级。长沙县主要江河防洪区、山地洪水威胁区洪水风险等级计算结果见表4.3-2、表4.3-3。从结果中可知,长沙县划定主要江河防洪区计算单元45295个,其中洪水低风险22418个,中风险18947个,高风险1804个,极高风险2126个;山地洪水威胁区计算单元6个,全部为低风险;此外划定河道行洪范围4个。

表 4.3-2　长沙县主要江河防洪区洪水风险等级计算结果

所在流域	计算单元	洪水频率	最大淹没水深 h(m)	综合风险度 R	风险程度
捞刀河	计算单元 01	5 年一遇	3.467	0.23	中风险
		10 年一遇	3.604		
		20 年一遇	3.722		
		50 年一遇	3.821		
		100 年一遇	3.886		
捞刀河	计算单元 02	5 年一遇	3.478	0.24	中风险
		10 年一遇	3.609		
		20 年一遇	3.733		
		50 年一遇	3.850		
		100 年一遇	3.917		
捞刀河	计算单元 03	5 年一遇	3.489	0.22	中风险
		10 年一遇	3.620		
		20 年一遇	3.745		
		50 年一遇	3.864		
		100 年一遇	3.933		
捞刀河	计算单元 04	5 年一遇	3.512	0.23	中风险
		10 年一遇	3.641		
		20 年一遇	3.766		
		50 年一遇	3.887		
		100 年一遇	3.959		
捞刀河	计算单元 05	5 年一遇	3.530	0.21	中风险
		10 年一遇	3.657		
		20 年一遇	3.782		
		50 年一遇	3.905		
		100 年一遇	3.978		
捞刀河	计算单元 06	5 年一遇	3.531	0.24	中风险
		10 年一遇	3.657		
		20 年一遇	3.782		
		50 年一遇	3.906		
		100 年一遇	3.979		
…	…	…	…	…	…

续表

所在流域	计算单元	洪水频率	最大淹没水深 h(m)	综合风险度 R	风险程度
捞刀河	计算单元 45292	5 年一遇	4.518	0.58	高风险
		10 年一遇	4.602		
		20 年一遇	4.691		
		50 年一遇	4.785		
		100 年一遇	4.848		
捞刀河	计算单元 45293	5 年一遇	4.571	0.61	高风险
		10 年一遇	4.656		
		20 年一遇	4.745		
		50 年一遇	4.838		
		100 年一遇	4.892		
捞刀河	计算单元 45294	5 年一遇	4.687	0.49	中风险
		10 年一遇	4.812		
		20 年一遇	4.909		
		50 年一遇	4.978		
		100 年一遇	5.039		
捞刀河	计算单元 45295	5 年一遇	4.796	0.57	高风险
		10 年一遇	4.933		
		20 年一遇	5.035		
		50 年一遇	5.102		
		100 年一遇	5.167		

表 4.3-3　　　长沙县山地洪水威胁区洪水风险等级计算结果

序号	所在流域	山洪小流域	降雨频率	综合风险度 R	风险程度
1	浏阳河	长沙市浏阳河山地洪水威胁区	5 年一遇	0.105	低风险
			10 年一遇		
			20 年一遇		
			50 年一遇		
			100 年一遇		

续表

序号	所在流域	山洪小流域	降雨频率	综合风险度 R	风险程度
2	金井河	长沙市金井河山地洪水威胁区 01	5 年一遇	0.104	低风险
			10 年一遇		
			20 年一遇		
			50 年一遇		
			100 年一遇		
3	金井河	长沙市金井河山地洪水威胁区 02	5 年一遇	0.108	低风险
			10 年一遇		
			20 年一遇		
			50 年一遇		
			100 年一遇		
4	白沙河	长沙市白沙河山地洪水威胁区	5 年一遇	0.103	低风险
			10 年一遇		
			20 年一遇		
			50 年一遇		
			100 年一遇		
5	捞刀河	长沙市捞刀河山地洪水威胁区 01	5 年一遇	0.106	低风险
			10 年一遇		
			20 年一遇		
			50 年一遇		
			100 年一遇		
6	捞刀河	长沙市捞刀河山地洪水威胁区 02	5 年一遇	0.106	低风险
			10 年一遇		
			20 年一遇		
			50 年一遇		
			100 年一遇		

对长沙县综合风险度 R 值进行公里标准网格赋值处理，得到标准网格 2544 个，其中 R 值赋值为“－1”网格 94 个，R 值赋值 $R<0.15$ 网格 2376 个，R 值赋值 $0.15\leqslant R<0.5$ 网格 64 个，R 值赋值 $0.5\leqslant R<1$ 网格 7 个，R 值赋值 $R\geqslant 1$ 网格 3 个。由此可初步判别长沙县主要以低风险为主，伴随着局部高风险和极高风险，

在防汛救灾工作中需特别关注此类风险等级高和极高地区，及时预警。长沙县综合风险度标准网格成果见图 4.3-1。

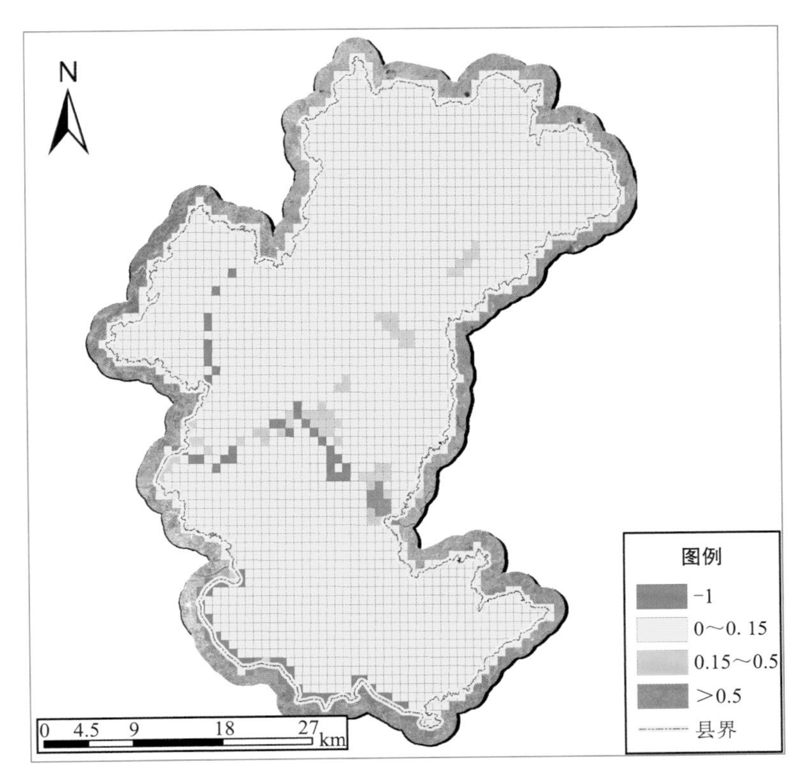

图 4.3-1　长沙县综合风险度标准网格成果

4.3.2 风险等级聚类分析

聚类分析(图 4.3-2)根据计算单元空间位置的相邻性和洪水风险等级的相似性原则，结合区划图制图空间数据表达尺度大小的要求，针对计算单元按以下规则进行区域的聚合。

①当相邻两个或多个计算单元的风险等级相同，合并为一个区域。

②当洪水风险分析成果数据尺度远大于区划图制图表达尺度时(一般指两者的比例尺相差 5 倍以上)，根据制图区域中整体和局部洪水风险程度的空间关系，对计算单元风险等级进行聚类分析。

③一般来说，当某一相连计算单元区域内，风险等级不一致的计算单元总面积(不含区域边缘处的计算单元)<区域总面积的 5%，且计算单元与周边区域地形无明显突变，则这些计算单元可与周边区域计算单元聚合为一个区域，其风险

等级按周边区域计算单元的风险等级确定。

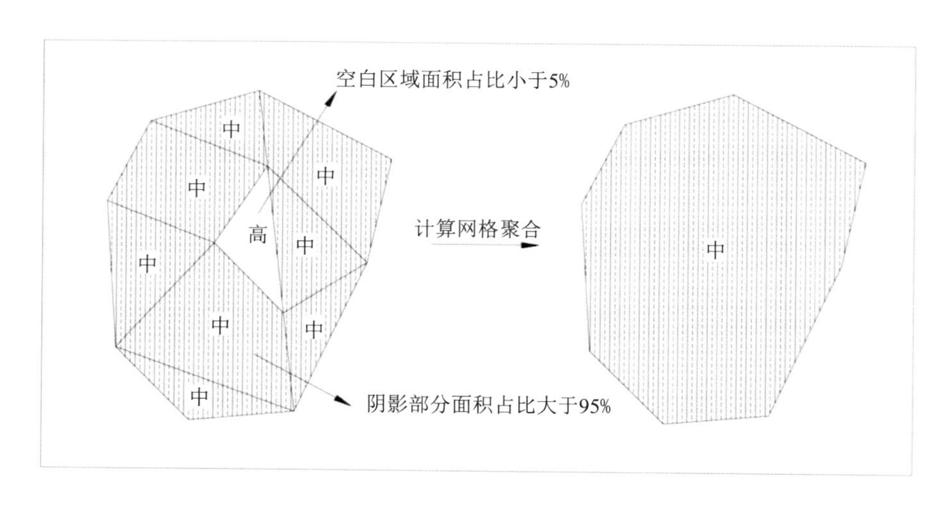

图 4.3-2　聚类分析

4.4　湖南省洪水风险评估与区划

由于洪水风险分析涉及因素较多，分析情况较为复杂，湖南省全省洪水风险评估与区划主要是在县(市、区)洪水风险评估与区划成果的基础上，将全省 122 个县(市、区)的洪水风险区划成果经资料汇总、复核修正、综合分析后，形成全省的洪水风险评估与等级区划成果。

4.4.1　洪水风险分析评估

4.4.1.1　资料数据整理

湖南省洪水风险区划收集利用到的资料数据主要包括 122 个县(市、区)洪水风险区划图编制技术报告以及相关图件成果，还包括基础资料成果、模型成果、设计洪水成果、实测河道断面成果、数字高程模型 DEM 等。

(1)基础资料

湖南省 2013—2015 年重点地区洪水风险图编制成果 28 处，其中防洪保护区 11 处、蓄滞洪区 13 处、城市 2 处和中小河流 2 处；全省各主要干支流水文站点水位、流量、降雨等水文成果；全省蓄滞洪区(重要蓄滞洪区、一般蓄滞洪区、蓄滞洪保留区、地方蓄滞洪区)基础资料、蓄泄特征等；各县(市、区)社会经济包括人口、

房屋、财产统计数据等。

(2)模型分析资料

湖南省 2013—2015 年重点地区洪水风险图编制成果 28 处，部分湖区和山丘区区县河流（岳阳市平江县、汨罗市、湘阴县；永州市东安县、道县、江华县；常德市鼎城区、桃源县；张家界市桑植县；怀化市沅陵县；衡阳县耒阳市等）均采用了精细化洪水风险要素分析计算方法（二维水力学模型、一二维耦合水力学模型等）开展洪水风险区划工作，形成了相应的模型成果，成果覆盖面积 5.63 万 km^2。

(3)设计洪水资料

湖南省设计洪水主要受暴雨影响较重，针对大江大河河段，设计洪水主要考虑以河道水文站点多年实测资料为依据进行计算复核，无资料地区设计洪水成果主要以 2015 版的《湖南省暴雨查算手册》进行不同频率设计洪水成果查算，结合本流域水文测站实测资料或者邻近流域水文测站实测资料进行合理性校核，形成了全省 1301 条河流的设计洪水成果。

4.4.1.2 湖南洪水风险三区划分

(1)主要江河防洪区

湖南省主要江河防洪区主要以流域、区域防洪规划成果为基础，包括近几年在各县（市、区）均有开展城市防洪预案、超标准洪水预案及地方城市防洪区划编制工作，此外，针对湘资沅澧四水干流及舂陵水、耒水、涞水、涟水、巫水、酉水 6 条支流等也有进行超标准洪水预案编制，并已形成相应设计洪水成果和超标准洪水淹没矢量图层成果，对流域面积 3000km^2 以上区域洪水区划工作的开展提供数据支撑。湖南省 2013—2015 年重点地区洪水风险图共涉及编制单元 28 处，其中防洪保护区 11 处、蓄滞洪区 13 处、城市 2 处和中小河流 2 处。

根据湖南省地形特点，平原区以洞庭湖多河汇流交叉处为主，湖南省农村基层预警预报项目中已确定划定为平原地区的县（市、区）包括 11 个，主要是长沙市天心区、雨花区、岳麓区、芙蓉区；岳阳市君山区、华容县；常德市安乡县、武陵区；邵阳市双清区；益阳市南县。山丘区平原主要以湖南省东、南、西三面地区为主，由四大水系向北汇集。结合湖南省已有山洪风险图范围以及城市防洪工程（堤防）的主要分布位置，基于洞庭湖区为起点，由湘江、资水、沅江、澧水四大水系干支流向各河流上游进行逐一划分确定主要江河防洪区范围。主要江河防洪区范围以区域内所有防洪区的边界范围取外包后进行划定。

湖南省水利部门根据28处涉及湖区的已有图层成果和确定的主要以平原为主的11个县(市、区)数据,结合湖南省湘江、资水、沅江、澧水四大水系的shape图层,已建成24个重点地区(防洪保护区、蓄滞洪区)边界及范围数据、湖南省山体阴影立体晕渲图栅格数据(高精度DEM生成)、全省堤防shape图层、湖南省1∶2000高清影像底图和湖南省DEM数字高程模型。利用水系干支流分布和集中连片的城镇位置分布情况进行主要江河防洪区的初步划定,再结合流域内的地形地貌、内河与地物分割以及控制性工程等,按照防洪保护区、防潮保护区、蓄滞洪区、洪泛区、城区等类型,进行主要江河防洪区的细化工作,将流域划分为若干个子区域。

1)河道行洪范围

根据湖南省各流域水系基础资料,湖南省本次洪水风险评估总涉及河流307条,其中200～3000km^2共计278条河流,3000km^2以上河流共计29条,涉及水域面积5413.46km^2。

2)防洪保护区

根据湖南省防洪保护区规划和现状调查资料,湖南省总计划定防洪保护区1288处,涉及面积14292.58km^2。主要分布在湖区(以岳阳市、常德市、益阳市、长沙市等为主),现状防洪标准达5年一遇90处,达10年一遇419处,达20年一遇587处,达30年一遇13处,达50年一遇91处,达100年一遇78处,达200年一遇10处。现有堤防标准基本能达到规划防洪标准813处,此类防洪保护区堤防标准基本能达20～100年一遇甚至200年一遇防洪标准,此类地区的抵御洪水能力较强,相对安全。现有堤防标准未达到规划防洪标准475处,其中防治标准分档为"低"的301处,"一般"的112处,"高"的29处,"较高"的33处,此类防洪保护区堤防标准一般以10～20年一遇为主,部分县城甚至尚未建设堤防,以天然河道岸坡为主,现状防洪能力普遍较低,主要位于湖南西部及南部等山区或者山区性平原地带,相对容易发生水灾。

3)蓄滞洪区

根据现状调查统计,湖南省划定蓄滞洪区总计49处,涉及面积4113.42km^2。蓄滞洪区运用标准低于10年一遇30处,10～20年一遇15处,大于20年一遇4处。

结合对湖南省各蓄滞洪区正常分蓄洪水影响和损失情况(如淹没的房屋数量、影响人口、耕地面积、道路情况、淹没时间等)综合分析后发现:湖南省现有蓄滞洪区防洪除涝工程、避洪安置和安全设施建设现状与蓄滞洪区建设与管理规划标准的差距参差不齐,部分蓄滞洪区的堤防建设标准能抵御1954年洪水(类似100年一遇),但也存在不少蓄滞洪区堤防标准过低甚至现有堤防标准由于单位更替资料丢失无法明确,仅能抵御5～10年一遇洪水情况,此类蓄滞洪区一般未完全建设安全区、安全设施建设尚未完备,近年区内人口发展趋势也较慢。

4)洪泛区

根据现状调查统计,湖南省总计划定洪泛区2128处,涉及面积7368.49km^2。其中有弃守标准洪泛区共计488处,结合对湖南省洪泛区的位置及地形等进行分析,此类地区多为堤防标准不高或者为自然岸坡的河段,沿河居住且宅基地高程较低的“散户”或有着较为重要保护措施和农作物的沿河区域。无弃守标准的洪泛区共计1640处,结合对湖南省洪泛区的位置及地形等进行分析,此类划定的洪泛区主要以地势较低的农田、道路、旱地等为主,大多不存在弃守标准,在5～20年一遇洪水情况即会造成影响,造成农作物损失、交通枢纽瘫痪等影响。

(2)山地洪水威胁区

利用湖南省高精度DEM数据处理概化后得到的等高线概化图进行全省各县级行政区国土面积的地形差异性分析,根据区域等高线分布特征,以平原、盆地、低山丘陵等低海拔区域为参照对象,对于县级行政区域内与参照对象具有明显地形高程和起伏变化特征差异的区域,以小流域分界线为边界(资料来源全国山洪灾害调查评价小流域划分成果),划定为若干个独立的山地洪水威胁区(50～200km^{2}为独立分析对象)。

根据湖南省规划及现状调查资料统计,湖南省总计划定独立山洪小流域2239处,面积在50～200km^{2}不等,涉及面积160147.37km^2。

由相关方法分析可知,采用临界雨量对应暴雨频率≤5年一遇共计299处,此类地区结合山洪灾害调查/分析评价成果显示,大多为风险等级较高、靠近河流两岸且防洪工程标准较低、受淹较为严重的地区;临界雨量对应暴雨频率大于5年一遇≤20年一遇的共计1900处,此类地区为地势较高且有一定防洪标准的河段,但遭遇较大洪水依旧会受淹。大于20年一遇的共计40处,此类地区一般地势较高,遭受较大洪水会造成农田或者旱地等受淹,遭受特大洪水情况会造成房屋和人民生命财产损失。

临界雨量历时主要以1h、3h、6h、12h、24h等5个时段历时为主，具体采用24h临界雨量历时进行计算山洪小流域289处，对应时段临界雨量范围124.00～240.00mm；采用12h临界雨量历时78处，对应时段临界雨量范围157.69～199.80mm；采用6h临界雨量历时1349处，对应时段临界雨量范围79.84～276.29mm；采用3h临界雨量历时265处，对应时段临界雨量范围55.00～170.50mm；采用1h临界雨量历时258处，对应时段临界雨量范围40.70～119.40mm。总体而言，不同地区不同时段对应临界雨量值存在较大差值，侧面表明不同地区受地形地貌、下垫面条件以及现状工程防洪能力影响较大，导致临界雨量值域之间的差异性。

根据全省山丘区小流域社会经济情况调查，受山洪影响人口小于500人共计1750处，涉及面积9.68km^2，占山洪小流域总面积的60.50%。其中：受山洪影响严重的国家级重要基础设施和工矿企业1处，省级重要基础设施和工矿企业7处，地市级重要基础设施和工矿企业177处，无重要基础设施和工矿企业1565处。山洪影响人口不小于500人且小于1000人的共计246处，涉及面积3.04km^2，占山洪小流域总面积的19.03%，其中：受山洪影响严重的省级重要基础设施和工矿企业1处，地市级重要基础设施和工矿企业78处，无重要基础设施和工矿企业167处。山洪影响人口不小于1000人的共计243处，涉及面积3.27km^2，占山洪小流域总面积的20.47%，其中：受山洪影响严重的国家级重要基础设施和工矿企业4处，省级重要基础设施和工矿企业22处，地市级重要基础设施和工矿企业59处，无重要基础设施和工矿企业158处。

湖南省山地洪水威胁区主要以地势相对较高的山区为主，此类地区降雨一般陡涨陡落，场次降雨时间不长，往往受影响严重区域集中在溪河洪水影响区域，而在坡面区域则相对风险较低，但亦会伴有泥石流等地质灾害产生。

(3)局地洪水威胁区

根据湖南省气候特点、平均降雨特征、地形地貌、行政区划和社会经济人口分布情况等，将局地洪水威胁区分为若干个面积大于10km^2的子分析单元。在实际操作过程中，使用等高线划定山地洪水威胁区的过程中将存在一定偏差，因此大多区(县)三区划分工作在划定主要江河防洪区后，优先进行局地洪水威胁区的划分，在完成局地洪水威胁区划定后，依据局地洪水威胁区和主要江河防洪区的划

定范围，补充调整山地洪水威胁区范围。

根据现状调查分析，湖南省总计划定局地洪水威胁区 360 处，为单个面积不小于 10km² 的子分析单元，涉及面积 20464.67km²。此类区域大多属于旱和半干旱地区，大部分范围降雨稀少，年最大 24h 点雨量均值在 50mm 以下，除偶有局地短历时强暴雨外，一般不会发生较大范围的洪水，即使局部地区发生洪水也由于人烟稀少而不致成灾，洪水威胁总体不大。

湖南省主要江河防洪区以东北向的洞庭湖水系及周边平原地区为主，包括湘江、资水、沅江、澧水四大水系及各级支流下游入河口至河流中游之间的山区性平原以及各支流上游部分人口集中、地势较平坦开阔的城集镇地区，总面积约 2.58 万 km²；山地洪水威胁区则以湖南省东、南、西三面靠山位置地区为主，总面积约 16.01 万 km²；局地洪水威胁区则根据《湖南省暴雨查算手册》年最大 24h 点雨量均值分布图，降雨在 50mm 以下地区和 1：2000 影像底图数据综合划定，主要以湖南省西北部、中部和东南部高山且人口居住稀少地区为主，总面积约 2.05 万 km²。湖南省洪水风险区划三区划分成果见附图 1。

湖南省三区划分为主要江河防洪区、山地洪水威胁区和局地洪水威胁区。其中，主要江河防洪区面积 25774.5km²，占比 12.17%；山地洪水威胁区面积 160147.37km²，占比 75.61%；局地洪水威胁区面积 20464.67km²，占比 9.66%；河道行洪范围面积 5413.46km²，占比 2.56%。湖南省洪水风险区划三区划分面积占比见图 4.4-1。

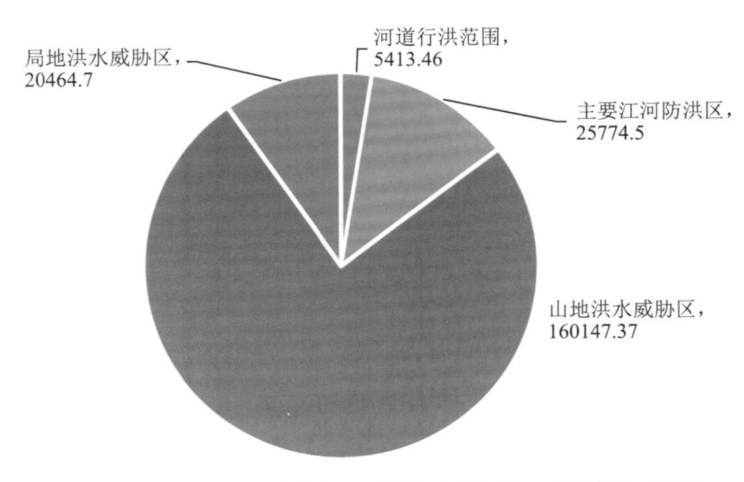

图 4.4-1 湖南省洪水风险区划三区划分面积占比（单位：km²）

4.4.1.3 洪水综合风险评估

综合风险度（R 值）矢量数据图层使用标准网格，网格值为综合风险度 R 值。对于标准网格成果，要求涉及常年有水的湖泊范围及河道行洪范围区域的，当单个标准网格中水域范围面积占比不小于50%时，该标准网格 R 值直接赋值为−1；当单个标准网格中水域范围面积占比小于50%时，R 值通过标准网格内非水域范围区域的计算网格 R 值进行面积加权平均后计算确定，水域范围区域不参与计算。图层主要包括网格编号、综合风险度 R 值信息。

首先采用水文学、统计学、水力学等方法，计算得到全省各县（市、区）各洪水风险分析区划单元在5年一遇、10年一遇、20年一遇、50年一遇、100年一遇频率下的设计洪水数值，分析各频率下的洪水淹没水深及区域淹没情况，作为洪水风险分析评估的关键要素（不同洪水频率下洪水淹没计算结果见附图3至附图7）。根据洪水风险综合风险度确定方法，结合湖南各地实际，分析计算湖南各流域各区域单元综合风险度。湖南省 $R\geqslant1$ 的地区主要集中在以湖区为主的岳阳市，$1>R\geqslant0.5$ 区间范围的地区主要集中在湘西州、怀化市、郴州市、邵阳市和洞庭湖部分地区，0.5（含）$>R\geqslant0.15$ 区间范围的地区主要集中在以常德市、益阳市、株洲市等山区及平原地区为主的市（州），$0.15>R\geqslant0$ 区间范围的地区主要集中在张家界市、衡阳市、常德市、益阳市、株洲市等市（州），R 值在0（含）～0.15区间范围的地区分布较为分散，各市（州）均有较大面积涉及区域。湖南省洪水风险综合风险度 R 值成果见附图8。

4.4.2 洪水风险等级区划

根据洪水风险等级划分方法，确定湖南省洪水风险等级。湖南省洪水风险等级主要以低风险为主，湖南省洪水风险区划的低风险等级面积186053.92km^2，占比87.84%，主要在湖南省西北、东南以及中部区域，尤为湘西州、张家界市，低风险区整体占比较多，低风险的分布区域与山地洪水威胁区和局地洪水威胁区存在一定的相关性；中风险等级面积13423.46km^2，占比6.34%，主要集中在湖区、北部以及西南区域，益阳市、常德市以及怀化市整体占比稍多，尤为益阳南县、怀化洪江市、怀化新晃侗族自治县较为明显；高风险等级面积2899.16km^2，占比1.37%，主要集中在汨罗市湘阴县、怀化市辰溪县以及永州市新田县；极高风险区主要以湖区为主，湖南省西部以及南部山区性平原亦有分布，总面积4010km^2，占

比 1.89%；河道行洪范围总面积 5413.46km²，占比 2.56%。湖南省洪水风险等级分布见图 4.4-2，湖南省洪水风险区划成果见附图 9。

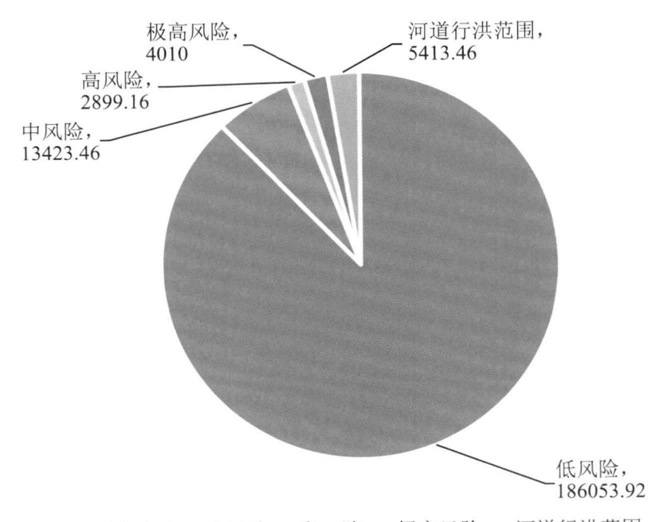

图 4.4-2　湖南省洪水风险等级分布（单位：km²）

第5章　湖南省洪水灾害防治区划与应对策略

湖南省洪水灾害防治区划是相关管理部门有针对性地开展洪水灾害防治的主要依据，对防洪调度决策、灾害预报预警、采取有效的应急减灾措施具有重要的指导意义。

湖南省洪水灾害防治区划主要根据保护对象分布及属性、地形气候条件、洪水特性、洪水风险分布情况、防洪体系建设情况、防洪治理紧迫性等，结合社会经济综合分析和空间计算等，对主要江河防洪区、山地洪水威胁区和局地洪水威胁区进行洪水灾害防治等级分析及划分。湖南省洪水灾害防治区划成果主要以县级洪水灾害防治区划成果为基础，经汇总、审核、分析、修正后形成全省洪水灾害防治区划成果。

5.1　洪水灾害防治能力现状调查分析

5.1.1　调查分析范围及内容

洪水灾害防治能力调查主要是充分利用已有工作基础和成果，如流域防洪规划(防洪预案)、工程设计、运行管理、安全鉴定/评价等资料，以内业调查和资料整编为主，辅助必要的现场实地调查，开展调查整理工作。根据调查整理的水库、水闸、堤防、蓄滞洪区等防洪工程的现状建设情况以及存在的各类安全隐患调查数据，及气象水文监测设施、洪水灾害预报预警能力、洪水灾害应急应对能力等非工程措施建设情况，结合防洪保护对象的重要性要求，对各流域或区域洪水灾害防治能力进行综合分析及评价。

水库工程主要是调查水库的建设分布情况、运行管理情况、防洪能力、安全鉴定结论等，调查范围为库容10万 m^3 及以上的水库和有挡水建筑物的水电站。

水闸工程主要是调查水闸的建设分布情况、运行管理情况、达标建设情况、安全鉴定结论等，调查范围为过闸流量 $5m^3/s$ 及以上的水闸。

堤防工程主要是调查堤防的建设分布情况、运行管理情况、规划和现状防洪标准设计情况、工程建设达标情况等，调查范围为5级及以上的堤防工程，不包括生产堤、渠堤和排涝堤。

蓄滞洪区调查对象为国家级蓄滞洪区和重点蓄滞洪区。主要调查蓄滞洪区的建设分布情况、类型、围堤建设达标情况、安全建设完成情况、运行管理情况以及是否存在较明显的安全隐患情况等。

非工程措施调查评价，主要对流域或区域气象水文监测站点的建设分布情况，暴雨洪水预报信息化、系统化能力等建设情况，洪水灾害预警平台能力建设情况，洪水灾害应急处置能力及物质储备情况等进行全面的调查，综合分析评价洪水灾害防治能力的软实力。

对水库、水闸、堤防、蓄滞洪区等防洪工程措施以及气象水文预警预报系统等非工程措施进行调查，旨在了解现状防洪工程建设分布和达标情况，摸清洪水灾害风险隐患底数，明确现状防洪能力，结合非工程措施建设水平，系统地、综合地分析评估流域或区域洪水灾害防治能力，以支撑防洪调度减灾决策、应急管理和灾害应对等的综合防治。

5.1.2 防洪工程调查分析方法

洪水灾害现状防治能力调查资料来源分散、调查点多、信息量大，许多领域基础薄弱。为了保证数据质量，需要统一标准、统一要求、统一方法开展调查工作。

(1)水库(水电站)

每一座水库(水电站)作为一个调查对象。调查整理水库的空间属性、工程结构特性，水库大坝近10年内的安全评价/鉴定情况、除险加固完成情况及评价或鉴定结果，综合考虑大坝安全性态、工程质量、运行管理、防洪能力、渗流安全、结构安全、抗震安全、金属结构等方面要求，综合评估水库大坝安全性，将水库大坝安全类别分为一类坝、二类坝、三类坝。

(2)水闸

以每一座水闸工程为单元，调查整理水闸工程的空间属性、工程结构特性，水闸近10年内的安全评价/鉴定开展情况、除险加固完成情况及评价或鉴定结果，开展水闸安全性综合评估工作，将水闸工程分为一类闸、二类闸、三类闸、四类闸。

(3)堤防

以同一名称同一规划标准的堤防为一个自然段，一个自然段为一个调查对象。调查整理每一个调查对象的空间属性、工程结构特性以及堤防建设达标情况。

(4)蓄滞洪区

以每一个蓄滞洪区为调查对象，调查蓄滞洪区的类型。根据蓄滞洪区围堤的实际建设情况，判定围堤建设是否达标，符合有关设计标准要求的为“达标”，不符合有关设计标准的为“未达标”。根据蓄滞洪区的安全设施建设是否完成，即蓄滞洪区的安全设施是否能满足蓄滞洪区运用时人口的安置需求来确定安全设施完成情况，能满足即为“完成”，不能满足为“未完成”。

5.1.3 湖南省现状防洪能力分析

近些年，湖南省大力推进防洪工程建设，着力完善防洪工程体系，切实提高流域防洪能力。根据相关资料统计，截至2020年，湖南省已建各类水库13737座，总库容512亿m^3，防洪库容超过54亿m^3，其中大型水库50座，中型水库366座；水电站4236多座；水闸34806座；堤防总长度达到2万多km。洞庭湖区建有24处国家级蓄滞洪区，总蓄洪容积163.8亿m^3，四水尾闾设置23处省级蓄滞洪区，总蓄洪容积34.5亿m^3。同时，全力推进以山洪灾害防御系统为重点的非工程措施建设，已建成水文测站386处(基本站125处、中小河流站261处)、自动水位站1850处、自动雨量站3015处、简易雨量站10826处、视频站1089处。水情信息站网自动报汛体系基本形成，监测预警能力显著增强。

当前，湖南省已初步形成了以一湖四水及其主要支流的重要水利工程水文控制站网为骨干，261条重点中小河流水文测报、122个县(市、区)山洪灾害自动监测预警系统和群测群防体系(含洪涝灾害监测预警体系)、重点地区土壤墒情监测站点为补充的水旱灾害监测预报预警体系，建成了连接国家、流域和全省14个市(州)、122个县(市、区)的防汛抗旱视频会商系统，洪水灾害防御信息化、系统化能力进一步提升。

5.2 洪水灾害防治等级区划

5.2.1 洪水灾害防治区划技术方法

洪水灾害防治区划同洪水风险区划一样遵循相似性、差异性与综合性原则。洪水灾害防治区划技术路线主要包括资料收集与整理、三区划分、区划单元划分、防治等级划分、成果合理性检验、防治区划图制作等。采用的技术方法主要是空间分析法、综合分析法等，具体内容包括：开展气象水文、地形地貌、社会经济、洪涝灾害、防洪标准、防洪能力等方面的数据调查整理、补充完善与分析计算等工作；筛选洪水灾害防治区划指标体系，明确分级分区界限确定原则和各级分区的区划指标。基于区内相似性与区间差异性特征，采用系统分析、空间计算等方法，完成洪水灾害防治等级划分和区划命名等工作。洪水灾害防治区划技术路线见图 5.2-1。

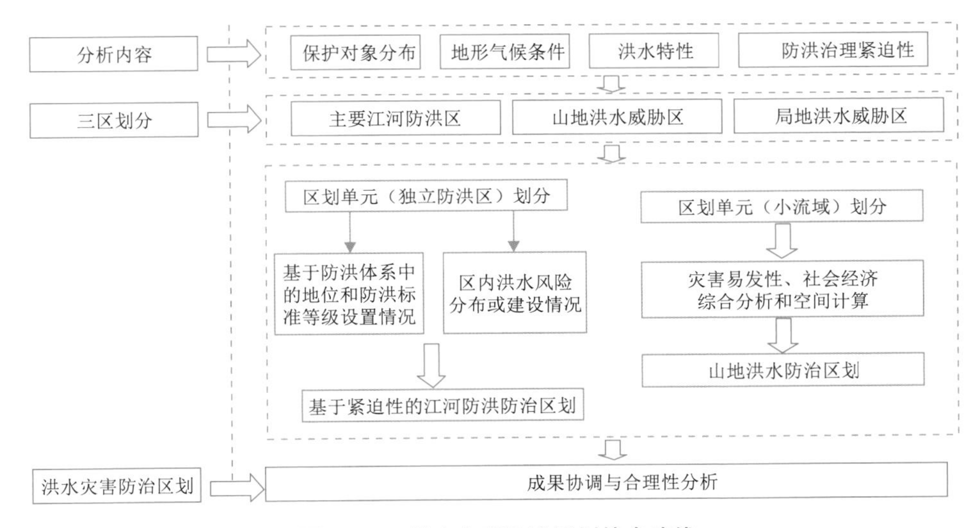

图 5.2-1 洪水灾害防治区划技术路线

5.2.2 洪水灾害防治区划单元划分

洪水灾害防治区划的三区划分方法与洪水风险区划的三区划分方法基本一致，因此洪水灾害防治区划三区划分采用洪水风险区划中主要江河防洪区、山地洪水威胁区和局地洪水威胁区的三区划分成果。

不同类型区域对应不同的防洪策略。主要江河防洪区一般人口稠密、经济发达，洪水来源复杂，上下游、左右岸、干支流、洪涝相互影响，成灾过程相对较长，洪水灾害防治依赖于流域防御体系，以工程措施为主，非工程措施为辅；山地洪水威胁区从降雨到发生灾害时间短，防御难度大，防治措施以防为主、防治结合，以非工程措施为主，非工程措施与工程措施相结合；局地洪水威胁区由于人烟稀少或极度干旱，一般无洪水灾害防治需求。

洪水灾害防治区划单元划分与前面章节洪水风险区划单元划分方法一致，因此洪水灾害防治区划单元划分方法和成果直接采用洪水风险区划单元划分的方法和成果。

根据划分，湖南省纳入洪水灾害防治区划的河流总数 1301 条，均为流域面积 50km² 以上河流。其中，50～200km² 河流共计 994 条；200～3000km² 河流共计 278 条，但其中有 7 条河流，分别为张家界市桑植县曾家河、郴州市桂东县遂川江、郴州市桂东县大汾水、永州市江华瑶族自治县白沙河、永州市江华瑶族自治县大宁河、郴州市宜章县杨溪河、永州市蓝山县东陂河，经核实，在湖南省范围内处于河源位置，无重要保护对象，本次不纳入研究范围；3000km² 以上河流共计 29 条，洪水灾害防治区划分析范围基本达到全覆盖。

根据单元划分，湖南省主要江河防洪区洪水灾害防治区划包括防洪保护区（城区）、蓄滞洪区、洪泛区。其中，防洪保护区有 1288 处，涉及面积 14292.58km²，主要分布在湖区（以岳阳市、常德市、益阳市等为主）；蓄滞洪区有 49 处，涉及面积 4113.42km²；洪泛区有 2128 处，涉及面积 7368.49km²。

山地洪水威胁区洪水灾害防治区划主要以流域面积为 200km² 左右的小流域为单元开展防治区划，有山洪风险的小流域 2239 处，涉及面积 160147.37km²。

局地洪水威胁区由于人烟稀少或极度干旱，一般无洪水灾害防治需求，根据单元划分，湖南省局地洪水威胁区有 360 处，涉及面积 20464.67km²。湖南省洪水灾害防治区划单元划分成果见附图 10。

5.2.3 洪灾防治等级区划与分析

5.2.3.1 主要江河防洪区洪灾防治等级划分

主要江河防洪区洪灾防治等级划分主要基于防洪治理需求的迫切性，划分为一级重点防治区、二级重点防治区、中等防治区、一般防治区等 4 种防治等级。对

于主要江河防洪区的防洪保护区、蓄滞洪区、洪泛区等不同类型防洪区，按照不同方法和标准进行洪水灾害防治区划等级划分。

（1）防洪保护区

对于防洪保护区分析其规划和现状防洪标准。现状防洪标准已达到规划防洪标准要求的保护区，划为一般防治区；对于现状防洪标准尚未达标的防洪保护区，根据防洪保护区重要性和区内洪水风险分布情况，按照表5.2-1判断防治标准分级情况。

表5.2-1　防洪保护区防治区划标准

风险情况 防治标准	$P_1\geqslant30\%$或 $P_2\geqslant50\%$	$P_1\geqslant20\%$或 $P_2\geqslant40\%$	$P_1\geqslant10\%$或 $P_2\geqslant30\%$	其他
高及较高标准	一级重点防治	二级重点防治	中等防治	一般防治
一般及低标准	二级重点防治	中等防治	一般防治	一般防治

其中：

$$P_1=\frac{A_{极高}+A_{高}}{A_{防洪保护区}}\times100\% \tag{5.2-1}$$

$$P_2=\frac{A_{极高}+A_{高}+A_{中}}{A_{防洪保护区}}\times100\% \tag{5.2-2}$$

式中：$A_{防洪保护区}$——作为防治区划单元的防洪保护区总面积；

$A_{极高}$、$A_{高}$、$A_{中}$——该防洪保护区在洪水风险区划中，划定为极高风险、高风险、中风险的区域面积。

对于同一防洪保护区，如果防洪标准、防潮标准、治涝标准的分档不同，则按高级别认定，防洪标准、防潮标准、治涝标准分档见表5.2-2。

表5.2-2　防洪标准、防潮标准、治涝标准分档

防治标准分档	防洪标准	防潮标准	治涝标准
高	≥100年一遇	≥200年一遇	≥20年一遇
较高	≥50年一遇	≥100年一遇	≥10年一遇
一般	≥20年一遇	≥50年一遇	≥5年一遇
低	20年一遇以下	50年一遇以下	5年一遇以下

1)长沙县

长沙县三区划分中，主要江河防洪区中防洪保护区划定13处(含1处城区)，其中捞刀河流域8处，金井河流域1处，白沙河流域4处。根据每个防洪保护区内极高风险、高风险、中风险的区域面积占比情况求算风险分档情况 P_1、P_2，根据防洪保护区现状防洪标准情况，对比表5.2-2查算防洪保护区防治区划标准。

以“捞刀河大堤果园垸防洪保护区”为例就防洪标准分档情况进行分析，捞刀河大堤果园垸防洪保护区总面积 $A_{防洪保护区}=13.62\text{km}^2$，洪水极高风险区面积 $A_{极高}=1.3\text{km}^2$，洪水高风险区面积 $A_{高}=2.17\text{km}^2$，洪水中风险区面积 $A_{中}=2.41\text{km}^2$，洪水低风险区面积 $A_{低}=7.74\text{km}^2$，将各类风险区面积代入式(5.2-1)、式(5.2-2)得到：

$$P_1=\frac{A_{极高}+A_{高}}{A_{防洪保护区}}\times 100\%=\frac{1.3+2.17}{13.62}\times 100\%=25.5\%$$

$$P_2=\frac{A_{极高}+A_{高}+A_{中}}{A_{防洪保护区}}\times 100\%=\frac{1.3+2.17+2.41}{13.62}\times 100\%=43.2\%$$

捞刀河大堤果园垸段堤防规划防洪标准为30年一遇，但现状防洪标准为20年一遇，由表5.2-2确定防洪标准的防治标准分档情况为“一般”。根据风险情况计算结果 $P_1=25.5\%\geqslant 20\%$ 或 $P_2=43.2\%\geqslant 40\%$，结合表5.2-1，判断防洪保护区防治区划标准为“中等防治”。

按照上述方法，以此类推，得到长沙县其他防洪保护区防洪标准分档成果见表5.2-3。

表5.2-3　　长沙县防洪保护区防洪标准分档成果

序号	防洪保护区名称	水系	现状防洪标准(重现期/年)	规划防洪标准(重现期/年)	P_1(%)	P_2(%)	堤防是否达标	防治标准分档	防治区划标准
1	捞刀河大堤高沙垸	捞刀河	30	30	22.2	30.1	是	一般	中等防治
2	白沙河大堤水塘垸	白沙河	30	100	44.9	72.2	否	一般	二级重点防治
3	捞刀河大堤三合垸	捞刀河	20	100	24.4	33.3	否	一般	中等防治
4	捞刀河大堤白塔垸	捞刀河	10	10	16.3	37.8	是	低	一般防治

续表

序号	防洪保护区名称	水系	现状防洪标准（重现期/年）	规划防洪标准（重现期/年）	P_1（%）	P_2（%）	堤防是否达标	防治标准分档	防治区划标准
5	捞刀河大堤潭坊垸防洪保护区	捞刀河	20	100	41.2	63.3	否	一般	二级重点防治
6	捞刀河大堤团结垸防洪保护区	捞刀河	30	50	28.7	39.3	否	一般	中等防治
7	白沙河梅塘垸大堤	白沙河	20	20	11.2	23.3	是	一般	一般防治
8	捞刀河大堤果园垸	捞刀河	20	30	25.5	43.2	否	一般	中等防治
9	白沙河红旗垸大堤	白沙河	20	20	15.5	31.6	是	一般	一般防治
10	白沙河上梅塘垸大堤	白沙河	20	20	15.5	31.6	是	一般	一般防治
11	捞刀河大堤古井垸	捞刀河	20	30	23.5	43.0	否	一般	中等防治
12	金井河大堤红花垸	捞刀河	20	20	0	36.5	是	一般	一般防治
13	城区	浏阳河	100	100	0	0	是	高	一般防治

2)湖南省

湖南省保护区单元主要以防洪保护区为主，防洪标准、治涝标准的确定，主要根据各县(市、区)超标准洪水预案、城市防洪预案等已有区划成果结合堤防隐患调查数据。对于已有成果的地区结合现场情况调查综合确定，其中对于存在堤防等工程措施地区，根据保护对象的重要性进行防洪保护区的划定；无相关区划、预案编制地区，依据相关技术要求进行防洪保护区范围划定。

结合已有资料分析及现场调查数据，根据洪水灾害防治等级划分方法，湖南省防洪保护区洪水灾害防治区划涉及面积约 14292km^2，以一般防治区为主。对防洪保护区按防治等级分类，一级重点防治区 123 处，二级重点防治区 213 处，中等防治区 94 处，一般防治区 858 处。

按风险情况分类，$P_1 \geqslant 30\%$或 $P_2 \geqslant 50\%$有 325 处，$P_1 \geqslant 20\%$或 $P_2 \geqslant 40\%$有 261 处，$P_1 \geqslant 10\%$或 $P_2 \geqslant 30\%$有 79 处，其他情况有 623 处。

按现状防洪标准达标情况分类：达 5 年一遇 90 处，达 10 年一遇 419 处，达 20

年一遇 587 处，达 30 年一遇 13 处，达 50 年一遇 91 处，达 100 年一遇 78 处，达 200 年一遇 10 处。

按防治标准分档分类，现有堤防标准基本能达到规划防洪标准 813 处，此类防洪保护区堤防标准基本能达 20～100 年一遇甚至 200 年一遇，此类地区的抵御洪水能力较强，相对安全。现有堤防标准未达到规划防洪标准 475 处，其中防治标准分档为“低”的 301 处，“一般”的 112 处，“较高”的 33 处，“高”的 29 处，此类防洪保护区堤防标准一般以 10～20 年一遇为主，部分县城甚至尚未建设堤防，以天然河道岸坡为主，现状防洪能力普遍较低，主要位于湖南西部及南部等山区或者山区性平原地带，相对容易发生洪灾。

(2)蓄滞洪区

①对于国家蓄滞洪区，按照蓄滞洪区类型和建设现状开展防治区划。

蓄滞洪保留区均划定为一般防治区。重要蓄滞洪区和一般蓄滞洪区，对照《全国蓄滞洪区建设与管理规划》，以及最新的流域蓄滞洪区建设调整方案进行综合划定。其中：若蓄滞洪区围堤尚未完成达标建设，则重要蓄滞洪区划为一级重点防治区，一般蓄滞洪区划为二级重点防治区；若蓄滞洪区围堤已基本达标，但安全建设或口门建设尚未完成，划为中等防治区；若围堤达标且安全建设、口门建设均已完成，划为一般防治区。

②对于地方蓄滞洪区(是指国家蓄滞洪区以外，列入区域、防洪等规划或防御(调度)洪水方案的蓄滞洪区)，若围堤未达标，划为中等防治区；若围堤已达标，划为一般防治区。

对于存在蓄滞洪区的区域，根据蓄滞洪区类型、围堤达标建设和安全建设或口门建设情况进行判别。对明确列入省级区域、防洪等规划地方蓄滞洪区，依据围堤达标情况进行防治等级判别；未列入地方蓄滞洪区的，作为防洪保护区、有弃守标准的洪泛区等。

根据已划定的主要江河防洪区范围，利用 ArcGIS 面图层统计蓄滞洪区面积。根据洪水灾害防治区划等级划分方法，结合湖南实际，共划定蓄滞洪区 49 处，涉及面积约 4113km^2。蓄滞洪区洪水灾害防治等级以中等防治区为主，其中：一级重点防治区 3 处，二级重点防治区 8 处，中等防治区 25 处，一般防治区 13 处；蓄滞洪区运用标准低于 10 年一遇 30 处，10～20 年一遇 15 处，大于 20 年一遇 4 处。

通过对湖南省各蓄滞洪区正常分蓄洪水影响和损失情况进行统计分析，仅少部分蓄滞洪区的堤防建设标准能抵御1954年洪水(类似100年一遇)，大部分蓄滞洪区仅能抵御5～10年一遇的洪水，此类蓄滞洪区一般未完全建设安全区，防洪保安设施尚不完备。

(3)洪泛区

对于河道、湖泊等天然水体，不进行防治区划；对于规定了弃守标准的洪泛区，划为一般防治区。

根据已划定的主要江河防洪区范围，利用ArcGIS面图层统计洪泛区面积。对于河道、湖泊等天然水体，不进行防治等级划分；洪泛区划定基本以河两岸无防洪保护对象或者自然河岸的河道行洪范围向外至防洪区边界(无外侧堤防保护的河道)之间的区域为洪泛区，基本为弃守标准的洪泛区，将其划为一般防治区。

根据单元划分，湖南省开展洪水灾害防治等级划分的洪泛区2128处，涉及面积约7368km^2。其中有弃守标准的洪泛区共计488处，直接划为一般防治区，此类地区多为堤防标准不高或者为自然岸坡的河段，沿河居住且宅基地高程较低的“散户”或有着较为重要的保护设施和农作物的沿河区域。无弃守标准的洪泛区共计1640处，此类划定的洪泛区主要以地势较低的农田、道路、旱地等为主，在5～20年一遇洪水情况下会造成农作物损失、交通枢纽瘫痪等灾害影响。无弃守标准的洪泛区洪水灾害防治等级划分，主要根据洪泛区防洪工程建设、经济社会发展等实际情况，结合洪灾防治等级划分方法综合确定。

5.2.3.2　山地洪水威胁区防治等级划分

山地洪水威胁区防治区划以流域面积200km^2左右的小流域为单元开展防治区划。充分利用山洪灾害防治规划、山洪灾害调查评价等成果资料，整理得到受山洪影响人口(最大可能淹没范围内人口或100年一遇山洪淹没范围内人口)、土壤水分一般条件下发生山地洪水的临界雨量、临界雨量对应的相应历时暴雨频率等成果。通过对对应暴雨频率和经济社会情况进行综合分析，将小流域划分为重点防治区、中等防治区和一般防治区。山地洪水威胁区具体区划分级标准见表5.2-4。

表 5.2-4 山地洪水威胁区防治区划标准

临界雨量对应设计雨量频率	受山洪影响人口≥1000人，或国家、省级重要基础设施和工矿企业受严重影响	受山洪影响人口≥500人，或地市级重要基础设施和工矿企业受严重影响	受山洪影响人口不足500人，或无重要基础设施和工矿企业受严重影响
临界雨量≤$P=20\%$的设计值雨量	重点防治区	重点防治区	中等防治区
$P=5\%$的设计值雨量≥临界雨量>$P=20\%$的设计值雨量	重点防治区	中等防治区	一般防治区
临界雨量>$P=5\%$的设计值雨量区域	中等防治区	一般防治区	一般防治区

在易发生山洪的小流域山地洪水防治区划等级确定中，需要考虑流域降雨和产汇流的可靠性、一致性和代表性，方便流域管理。山地洪水威胁区以面积为50～200km^2的山洪小流域开展防治等级划分。

在《山洪灾害分析评价技术要求》中规定，采用$P_a=0.5W_m$、$P_a=0.75W_m$两个临界值对前期降雨很少、中等、很多3种情况的前期降雨进行界定，代表流域土壤含水量较干（$P_a\leqslant 0.5W_m$）、一般（$0.5W_m<P_a\leqslant 0.75W_m$）以及较湿（$P_a>0.75W_m$）3种典型情况。

长沙县山洪灾害分析，主要考虑100年一遇、50年一遇、20年一遇、10年一遇及5年一遇共5个典型频率，计算1h、3h、6h的设计暴雨成果。防灾对象的雨量预警指标临界值通常由汇流时间决定，汇流时间1h的临界雨量预警指标为32～36mm；汇流时间3h的临界雨量预警指标通常为60～65mm；汇流时间为6h的临界雨量预警指标为70～90mm。雨量阈值范围为±10mm，下限为准备转移指标，上限为立即转移指标。

以“白沙河山地洪水威胁区小流域”为例，根据《长沙县山洪灾害分析评价》报告，查找分析对象对应山地洪水威胁区小流域的山洪灾害调查成果，可统计得到该小流域内受山洪影响人口为285人，该流域内无重要基础设施和工矿企业受影响，利用以上指标分析确定长沙县山洪小流域洪水灾害防治等级。

根据《湖南省长沙市长沙县山洪灾害调查评价项目分析评价报告》(2016年9月)，查找分析对象对应山地洪水威胁区小流域的山洪灾害分析评价中临界雨量相关成果，可统计得到长沙县白沙河山地洪水威胁区小流域土壤水分一般条件下发生山地洪水的6h临界雨量值为100mm，根据《湖南省长沙市长沙县山洪灾害调查评价项目分析评价报告》，长沙县设计暴雨频率 $P=5\%$ 对应设计雨量值为126mm，设计暴雨频率 $P=20\%$ 对应设计雨量值为90mm，因此，长沙县白沙河山地洪水威胁区小流域临界雨量对应设计暴雨频率在 $P=5\%$ 与 $P=20\%$ 的设计值雨量区间（即 $P=5\%$ 的设计值雨量＞临界雨量＞$P=20\%$ 的设计值雨量）。

通过对临界雨量对应暴雨频率和经济社会情况进行综合分析，根据表5.2-4山地洪水威胁区防治区划标准，确定"白沙河山地洪水威胁区小流域"划定为"一般防治区"。

长沙县其他山洪小流域洪水灾害防治等级划分参照上述方法分析确定，成果见表5.2-5。

湖南省山地洪水威胁区防治区防治等级判定主要根据全省122个县(市、区)山地洪水威胁区防治区划成果，利用山洪灾害防治规划、山洪灾害调查评价成果等资料，整理得到受山洪影响人口(最大可能淹没范围内人口或100年一遇山洪淹没范围内人口)、土壤水分一般条件下发生山洪的临界雨量、临界雨量对应的相应历时暴雨频率等，通过对对应暴雨频率和经济社会情况进行综合分析，将山洪小流域分为重点防治区、中等防治区和一般防治区。

根据山地洪水威胁区洪水灾害防治等级判定及划分方法，湖南省共划定独立山洪小流域2239处，面积在50～200km^2不等，涉及面积约160147km^2。山洪小流域防治区以一般防治区为主，其中一般防治区1373处，中等防治区641处，重点防治区225处。

根据分析，临界雨量对应暴雨频率≤5年一遇共计299处，此类地区结合山洪灾害调查及分析评价成果显示，大多为山洪灾害风险等级较高，靠近河流两岸且防洪工程标准较低，受淹较为严重的地区。

按照临界雨量与设计雨量频率对应关系分析：临界雨量对应设计雨量频率5～20年一遇共计1900处，此类地区为地势较高且有一定防洪标准的河段，但遭遇较大洪水依旧存在受淹现象。大于20年一遇的共计40处，此类地区一般地势较高，遭受较大洪水会造成农田或者旱地等受淹，遭受特大洪水情况会造成房屋和人民生命财产损失。

表 5.2-5 长沙县山地洪水威胁区防治区划成果

序号	山洪小流域	集雨面积（km^2）	基础设施	人口（人）	相应降雨历时下的临界雨量（mm）	临界雨量相同降雨历时下的暴雨统计参数 H(mm)	临界雨量对应历时(h)	临界雨量对应设计暴雨频率	防治等级
1	浏阳河山地洪水威胁区	240.2	无重要基础设施和工矿企业受影响	162	100.0	h=73.5，C_v=0.34，C_s=1.18	6	P=5%>临界雨量>P=20%	一般防治区
2	金井河山地洪水威胁区 1	343.7	地市级重要基础设施和工矿企业受影响	526	101.0	h=74.9，C_v=0.32，C_s=1.1	6	P=5%>临界雨量>P=20%	二级重点防治区
3	金井河山地洪水威胁区 2	415.4	国家、省级重要基础设施和工矿企业受严重影响	1510	99.0	h=75.6，C_v=0.34，C_s=1.18	6	P=5%>临界雨量>P=20%	一级重点防治区
4	白沙河山地洪水威胁区	198.1	无重要基础设施和工矿企业受影响	285	100.0	h=72.1，C_v=0.34，C_s=1.18	6	P=5%>临界雨量>P=20%	一般防治区
5	捞刀河山地洪水威胁区 01	29.5	无重要基础设施和工矿企业受影响	27	98.0	h=74.9，C_v=0.32，C_s=1.13	6	P=5%>临界雨量>P=20%	一般防治区
6	捞刀河山地洪水威胁区 02	80.3	无重要基础设施和工矿企业受影响	50	98.0	h=74.9，C_v=0.32，C_s=1.13	6	P=5%>临界雨量>P=20%	一般防治区

将划定的山洪小流域按社会经济情况分类，受山洪影响区域人口小于 500 人的共计 1750 处，重要基础设施和工矿企业 185 处，涉及面积 9.68km^2，占山洪小流域总面积的 60.50%；500 人≤受山洪影响区域人口＜1000 人的共计 246 处，重要基础设施和工矿企业 79 处，涉及面积 3.04km^2，占山洪小流域总面积的 19.03%；受山洪影响区域人口≥1000 人的共计 243 处，重要基础设施和工矿企业 85 处。

5.2.3.3 局地洪水威胁区防治等级划分

局地洪水威胁区由于人烟稀少或极度干旱，一般无洪水灾害防治需求。局地洪水威胁区洪水灾害防治等级均划定为无防治需求。在划定局地洪水威胁区分布情况时发现局地洪水威胁区与山地洪水威胁区划定边界无明显的边界差异性，因此在局地洪水威胁区的划定中，其范围主要根据区域河湖水系特点、防洪工程体系布局，以及下垫面条件、降雨强度等要素进行综合划定。同时包括以下情况：

①对于河流两岸无防洪工程保护，且历史最大洪水或 100 年一遇洪水均不出槽或淹及不到的区域，以及地面高程明显高于 100 年一遇洪水位的平地区域，划定为局地洪水威胁区。

②对于河流两岸有防洪工程保护，但处于防洪区以外且历史最大洪水或 100 年一遇洪水均淹及不到的区域，划定为局地洪水威胁区。

按照相关方法进行综合划分，湖南省局地洪水威胁区洪灾防治共划定 360 处，均为单个面积≥10km^2 的子分析单元，涉及面积约 20464km^2。局地洪水威胁区无防治要求。

5.2.3.4 洪水灾害防治区划成果及分析

湖南省行政区域总面积 21.18 万 km^2。其中主要江河防洪区以东北向的洞庭湖水系及周边平原地区为主，包括湘、资、沅、澧四大水系及各级支流下游入河口至河流中游之间的山区性平原以及各支流上游部分人口集中、地势较平坦开阔的城集镇地区，总面积约 25774.5km^2，占湖南省总面积的 12.17%；山地洪水威胁区以湖南省东、南、西三面靠山地区为主，总面积约 160147.37km^2，占湖南省总面积的 75.61%；局地洪水威胁区根据《湖南省暴雨查算手册》年最大 24h 点雨量均值分布图，按照降雨量在 50mm 以下地区和 1∶2000 影像底图数据综合划定，主要以湖南省西北部、中部和东南部高山且人口居住稀少地区为主，总面积约 20464.67km^2，占湖南省总面积的 9.66%；河道行洪范围面积约 5413.46km^2，占湖南省总面积的 2.56%。

湖南省洪水灾害防治等级以一般防治区为主。①主要江河防洪区防治等级以一般防治区为主，其中一级重点防治区总面积2590.25km²，占比1.22%，二级重点防治区总面积2501.74km²，占比1.18%；中等防治区总面积3734.24km²，占比1.76%；一般防治区总面积16948.26km²，占比8%。②山地洪水威胁区洪灾防治等级以一般防治区为主，其中山地洪水重点防治区总面积21613.65km²，占比10.2%；中等防治区总面积35478.32km²，占比16.75%；一般防治区总面积103055.4km²，占比48.66%。③局地洪水威胁区洪灾防治总面积20464.67km²，占比9.66%。湖南省洪水灾害防治等级划分成果统计见图5.2-2。

根据湖南省主要江河防洪区、山地洪水威胁区、局地洪水威胁区单元划分成果以及三区洪水灾害防治等级划分数据成果，采用高斯—克吕格投影法，制成湖南省洪水灾害防治区划图，展示湖南省洪水灾害防治等级在全省范围内的分布情况，包括主要江河防洪区一级重点防治区、主要江河防洪区二级重点防治区、主要江河防洪区中等防治区、主要江河防洪区一般防治区、山地洪水重点防治区、山地洪水中等防治区、山地洪水一般防治区和局地洪水威胁区。湖南省洪水灾害防治区划成果见附图11。

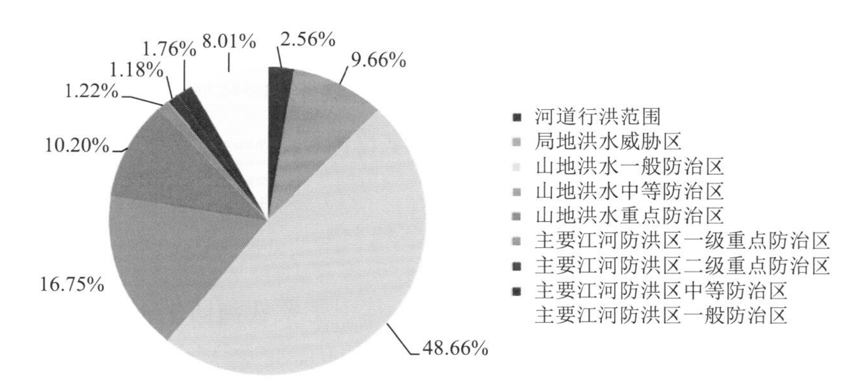

图5.2-2 湖南省洪水灾害防治等级划分成果统计

5.2.3.5 成果合理性分析

湖南省洪水灾害防治区划成果基础资料主要来源于全省洪水风险普查和实地调查统计数据，包括以往山洪灾害调查及分析评价成果等，作为洪水灾害防治区划的主要数据依据，基础数据可靠，划分成果合理。

根据湖南省洪水灾害防治区划绘图成果，结合已有洪水风险图、流域防洪规划等相关资料，进一步复核三区划分成果、区划单元划分成果、防治区划成果的准

确性、科学性。同时，根据湖南省各县(市、区)近几十年发生的较严重的洪水灾害记录统计，对比分析受灾情况及受灾范围，综合分析确定各类洪水风险区防治等级及范围，结果表明与历史多年受淹涉及县镇基本吻合，即洪水灾害防治区划成果合理。

5.3 湖南省洪水灾害防治策略

湖南省每年洪水易发频发，洪灾损失比较严重，防洪任务艰巨。湖南省各大流域均已建成比较完整的防汛体系，对防洪减灾起到了显著的作用，然而，工程体系不够完善、洪水基础研究、风险管理及监测预警能力相对落后，不同区域、不同程度洪灾的应对措施和解决方案不够精准完善，在土地利用、城乡规划和防洪管理等方面的应用缺乏法律法规和行政管理手段支撑，管理体制机制不够健全等问题制约着湖南洪水灾害防御能力的大幅度提升，水安全保障能力与湖南现代化和高质量发展需求不相适应。因此，需要进一步补齐短板，强化政策法规和管理手段、完善防洪工程措施建设、加强科学研究、健全管理机制等，全面综合提升湖南省洪水灾害防御能力和现代化水平。

5.3.1 完善流域防洪规划

湖南省各流域均已编制流域防洪规划，并以此为依据，指导着防洪工程建设、城市规划建设等。但随着城市扩大和经济社会的发展，原防洪规划已不能满足城市建设发展和流域防洪建设的需求，城市建设占用行洪范围、防洪工程不达标、不闭合、防洪标准不协调等问题突出，制约了防洪工程防洪功能的充分发挥。因此，应根据社会发展现实需求以及未来发展趋势，科学合理地完善流域防洪规划，与流域、区域防洪要求相适应，与湖南水网建设规划相适应，与长江流域防洪要求相适应。

5.3.2 强化防洪工程建设

湖南省已经形成了以水库、堤防、水闸、蓄滞洪区等为基础的防洪工程体系，但存在水库病险多、日趋老化，城镇堤防存在不达标、不闭合，蓄滞洪区占用严重等诸多问题，导致整体防洪能力有限。亟须对防洪工程设施进行维修、改造及配套建设，充分发挥工程的防洪效益。以改善江湖关系、提高堤垸防洪排涝能力、安全分蓄洪为重点，完善洞庭湖防洪工程体系；以加强河道整治与堤防建设、防洪控制性水库建设为重点，强化水库除险加固，完善四水防洪工程体系；以提升城市防洪、保护圈闭合为重点，完善防洪工程达标闭合建设，健全城镇防洪工程体系；以山洪灾害防御能力建设为重点，完善乡村防洪工程体系。

5.3.3 加强流域统一管理

近年来，流域洪水灾害的加剧，除了极端天气的因素外，与流域内各地治水的各自为政、缺乏整体和全局观念也密不可分。因此，各级各部门要统一思想认识，牢固树立底线思维，充分认识洪水灾害防御工作的重要性。要大力加强防洪法律法规建设，建立有效的执法监督机制，依法治水；要加强流域统一规划和管理，从全流域整体和长远角度出发，打破条块分割，科学合理制定河湖整治和防洪方案；要加强流域防洪联合调度，整体、全面地提升洪水灾害防御能力。

5.3.4 提升现代化管理水平

提升洪水灾害防御现代化管理水平是强化防洪减灾能力的前提。一是提升监测预警和调度水平，加快推进智慧水利建设，以网络信息为基础，充分运用互联网、大数据、物联网、人工智能等新兴技术，完善水雨情、水工程管理等监控体系建设；二是强化省、市、县、乡、村五级通信系统建设，提升信息传输速度和精度；三是加强水利信息化建设，系统性开发洪水灾害防御管理平台，推进洪水灾害预报预警精准化、防洪减灾调度科学化、防洪决策智能化等洪水灾害防御现代化发展；四是强化行政首长负责制，不断完善洪水灾害防御应急指挥体系，加强队伍专业化、现代化建设，提升专业应急处置能力。

5.3.5 深化基础性研究

强化洪水灾害防御基础性研究，深入挖掘洪水灾害防御关键技术方法，为洪水灾害防御能力的提升提供重要的理论和科学支撑。加强对防洪减灾的科学研究，提高对洪水灾害发生、发展、演变及时空规律的认识，促进现代化技术在防洪除涝体系建设中的应用，因地制宜地实施防洪减灾对策，着重开展以下研究：一是加强中长期暴雨数值预报研究，大幅度提高洪水的预测预报精度，为防洪减灾提供可靠的决策依据；二是加强流域水文预报模型、洪水演进模型、水库联合调度模型等方面的深入研究，提高模型计算的精准性；三是重视下垫面，尤其是土地利用与覆盖植被变化引起的水文和水灾害效应研究；四是深入洪水灾害风险管理研究，健全洪水保险与分蓄洪补偿政策；五是探索多个单一自然与社会经济要素耦合研究，建立流域资源、环境与社会经济协调发展管理模型，对流域开发和整治实施科学统一的管理。

第6章 湖南省洪水风险区划成果应用

6.1 区划成果数字化应用

6.1.1 区划成果与防汛系统平台数字融合

为使湖南省洪水风险区划与洪水灾害防治区划成果更好地服务于今后防洪减灾工作，积极推进湖南省洪水风险区划及洪灾防治区划成果与湖南省水旱灾害防御系统等省级防汛抗旱管理平台的有效衔接、深度融合。将区划成果引入相关水旱灾害防御系统平台，充分实现洪水风险区划与洪水灾害防治区划成果的数字化应用。一是方便水旱灾害防御系统平台进行区划成果调用及展示，实现数据信息之间的内部调用和转换；二是方便随时调取区划成果服务于防汛工作，实时掌握洪水风险动态分布变化特征；三是辅助支撑洪水灾害防御工作调度和决策部署，制定有效的洪水灾害防治策略，实施精准的洪水灾害防治措施。

6.1.2 水旱灾害风险管理系统开发应用

为推进省级数据管理与汇交部署，加强省、市、县各级水利部门各类基础信息化平台的衔接，推动洪水风险及灾害防治区划数据成果在水旱灾害防御和公共服务中的应用，大力开展湖南省水旱灾害风险管理平台建设工作。实现水利各系统平台的自治，完成与现有信息化系统及平台的对接共享适配。结合水旱灾害防御工作需求，对普查成果数据进行挖掘分析，以指导完善流域防洪减灾工程体系建设，支撑水旱灾害防御工作中预报、预警、预演、预案“四预”能力提升，推动普查成果全面应用，提高洪水灾害风险管理水平。

湖南省水旱灾害风险管理系统基于湖南省水旱灾害风险普查调查与评估区划成果，结合现有省水旱灾害防御基础数据、省水利一张图等数据，充分应用地理信息系统、洪水预报、水动力学模拟、数字孪生等新技术对全省水旱灾害风险普查成果进行综合管理和统计分析，为全面掌握湖南省水旱灾害风险隐患底数和水旱灾害抗灾能力提供信息化管理平台。

平台可接入实时雨水情与工情数据，开发流域水文预报、实时洪水风险分析全过程模拟仿真，实现流域降雨洪水过程实时预报预警，以及洪水淹没过程和灾害损失情况的预演预案。通过信息技术与水旱灾害风险管理业务的深度融合，为全省水利部门开展水旱灾害防御、保障经济社会可持续发展，提供权威的风险信息和科学决策依据，做到对水旱灾害的及早发现和及时防范，从而实现从被动响应到主动叫应防御的转变。

系统平台主要功能应用包括：

①一套基于先进的微服务软件框架，充分发挥开发前后端分离的技术优势，对各模块与服务开发进行合理的拆解和治理，实现系统各服务的自治，为后期模块、服务开发提供坚实的平台基础，并易于接口服务与内外部其他系统及平台的对接共享。

②在业务功能设计上，充分融合地理信息技术、前端可视化展示技术、大屏技术等，将最新的 IT 技术与水旱灾害风险普查管理业务深度融合，让信息技术真正实现水利业务化，为业务管理人员提供最便捷、实用的交互操作，通过前端所见即所得的方式为用户提供智慧化成果（图 6.1-1、图 6.1-2），提高管理的科学性、便捷性、实用性。

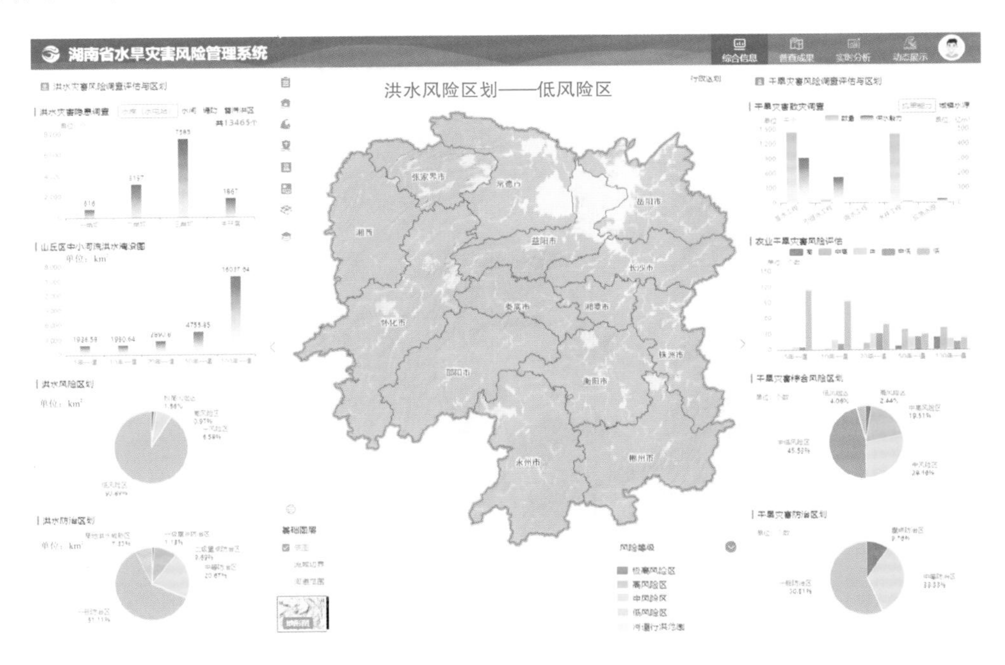

图 6.1-1 湖南省水旱灾害风险管理系统——洪水风险区划模块

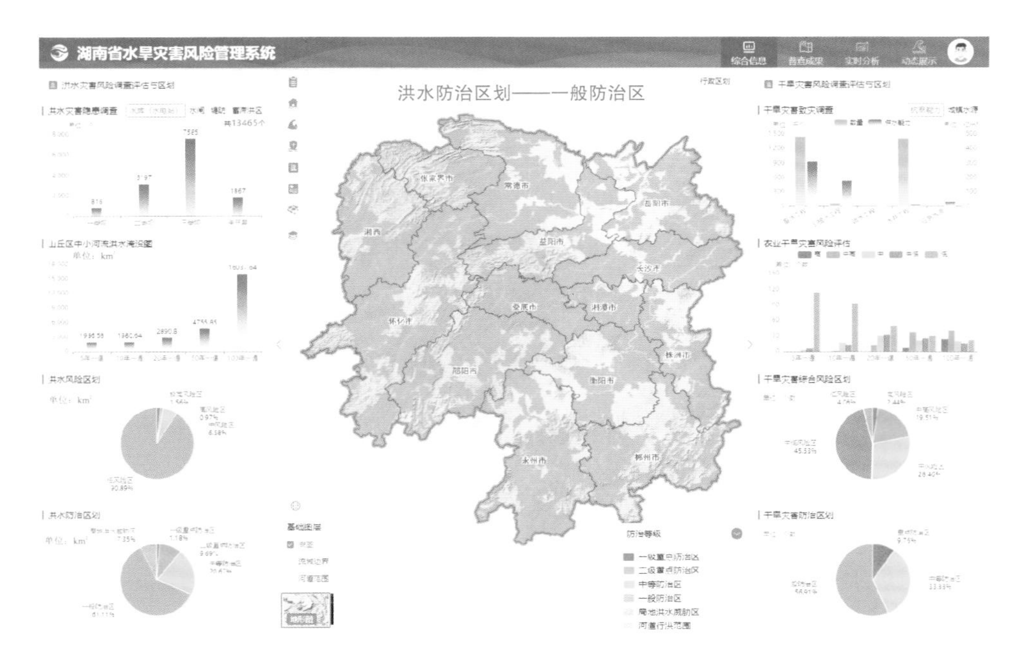

图 6.1-2　湖南省水旱灾害风险管理系统——洪灾防治区划模块

③在数字孪生场景中针对历史典型洪水、实时洪水、指定洪水、设计洪水进行预演，以直观的形式展现洪水淹没范围、淹没水深、淹没历时、影响人口以及可能造成的经济损失情况（图 6.1-3），为防汛部门决策部署、落实预案措施提供科学依据。

图 6.1-3　洪水淹没灾害损失预测成果

④构建一种基于洪水防治区划成果，针对不同降雨条件的洪水灾害动态风险评估及分级预警方法。结合已有的全省洪水防治区划数字成果，明晰各区域的洪水灾害风险防御能力，当发生不同程度的降雨时，根据降雨区域洪水灾害临界降雨量数据，评估洪水灾害风险等级，并有针对性地对相关区域进行不同程度的预警，避免暴雨洪水灾害预警的笼统性、盲目性。

6.2　区划成果推广应用

洪水风险区划与洪水灾害防治区划成果中，对各流域和相关区域进行了洪水风险等级和洪水灾害防治等级划分，明晰了不同降雨频率下的洪水灾害风险程度分布情况。基于洪水灾害风险普查成果以及洪水风险区划成果，结合湖南省洪水灾害防御实际，可为流域水工程调度、暴雨洪水风险识别、山洪危险区监测预警、应急抢险预案、社会经济建设规划、政府部门决策、洪水灾害风险科普宣传等提供重要的应用服务支撑，结合湖南省洪水灾害防御体系，切实提升防灾减灾救灾能力。

6.2.1　辅助流域防洪工程精准调度

根据洪水风险等级判定，划分出不同降雨频率或者河道流量下流域内的高、中、低风险区域，识别出不同洪水条件下的洪水灾害损失情况，结合流域水工程分布情况，以及防洪保护对象的防护要求，可针对不同的流域支流洪水组合状况，辅助指导流域水工程防洪调度工作，制定科学精确的流域水工程联合调度方案。

依据湖南省洪水风险区划和防治区划成果，开发湖南省涟水流域洪水演进及调度系统平台并付诸了相应的应用。以洪水风险区划成果为基础数据支撑，首先分析识别流域洪水灾害高风险区域，结合湖南省水旱灾害风险管理系统，充分掌握涟水流域水工程（水库、水闸、堤防）分布情况，考虑雨水情及支流洪水可能组合，实时模拟洪水风险演变全过程，及时进行洪灾风险预报预警，同时根据洪水风险分布情况，逆向辅助指导流域水工程实时修订科学的调度方案，实施精确的联合调度，大力减少和避免洪水灾害损失，充分发挥水利工程综合调蓄作用和防洪减灾效益。经过实际验证，该系统可以动态辅助水工程管理单位健全和完善水工程年度调度运用方案。

6.2.2　科学强化监测预警能力建设

根据洪水风险区划与洪水灾害防治区划成果，识别湖南省洪水风险灾害分布、灾害程度、主要诱因等，并结合洪水灾害防治区划中的洪水防治等级，有针对性地为洪水灾害监测预警和防御及工程治理提供理论支撑。一是根据风险区划分析成果，针对洪水灾害高风险区域加强监测预警设施建设，布设先进的监测预警设备（如雷达低空测雨等），加密监测预警系统网络，优化自动监测站网布局，弥补监测预警网络的疏漏之处，提高洪水灾害高风险区监测数据的准确性。二是针对洪水灾害高风险区域，发生一定频率的降雨条件下，及时加密监测和预警频次，提高洪水灾害风险变化监测预警的及时性，实现动态实时监测。三是根据洪水灾害风险区划成果，当流域发生强降雨条件下，可有针对性地对洪水灾害高风险区域相关责任人及时发送预警信息，提升洪水灾害预警信息的有效性和精准性，减少和避免人力物力的消耗，指导完善群测群防体系建设和责任制的落实。

6.2.3 指导完善洪水灾害防御预案

根据湖南省洪水灾害风险分布范围和特征，确定应急响应措施，针对高、中、低风险，重点、中等、一般防治区，进一步细化应急处置流程，健全完善洪水灾害防御预案，切实提升预案的针对性、实用性和可操作性。在监测信息采集及预报分析决策的基础上，根据预警信息危急程度及洪水可能危害的范围，通过短信、传真、无线预警广播等预警方式及相应的预警流程，将预警信息层层传递，及时准确地传递到洪水可能危及的区域，使接收预警区域的人员根据洪水防御预案，及时采取防御措施，安排人员转移，最大限度地减少人员伤亡和财产损失，建立完善的群测群防体系。

6.2.4 辅助城乡规划建设

防灾减灾规划是城乡规划中的重要组成部分。根据洪水风险区划和洪水灾害防治区划成果，结合现有的行政区划图、卫星地图等数据，对洪水灾害风险区划中识别的高、中、低区域进行空间数字定位和范围提取，从而有针对性地排查隐患点，在城乡规划中尽可能使城市处于强有力的防灾能力保护之下，减轻和避免洪水灾害的影响，减少和避免人员伤亡及经济损失，切实保障人民群众的生命财产安全。

6.2.5 推动洪水保险良性发展

洪水保险是按契约方式集合相同风险的多数单位，用合理的计算方式聚资，建立保险基金，以备对可能发生的事故损失，实行互助的一种经济补偿制度。洪水保险作为洪水灾害风险管理中的重要手段,可以增加投保户对洪水灾害的承受能力,保障灾后顺利恢复生产和生活。城市洪水保险虽然本身并不能减少灾害损失,但是可以补偿政府一部分洪水灾害救济费,同时保险政策还可以间接对城市防洪减灾起一定的调节作用。国内外经验表明,应用洪水保险作为经济杠杆,能有效调整与控制洪泛区的经济发展,降低洪灾损失。

洪水保险作为一种非工程性的防洪减灾措施,可以在时间和空间上分散洪水风险。根据洪水风险等级和洪水灾害防治等级划分成果,分类分级识别出洪水灾害风险重点区域,从而指导健全洪水保险相关政策和法规制定。一方面依据洪水风险分布特点,为制定区域化指导费率奠定理论基础。保险公司将洪水高风险区作为洪水保险重点区域,指导分支机构针对洪水大灾责任制定专项的风险分散方案,科学划分风险单位,安排好重点区域的商业再保险计划,防患和化解巨灾风险,确保洪水保险的良性发展。另一方面基于洪水风险图、洪灾损失数据库、洪灾地理空间分布和社会经济信息数据库等,为构建较完备的洪水保险理论、政策体系提供重要支撑。

参考文献

[1] 国务院办公厅关于开展第一次全国自然灾害综合风险普查的通知(国办发〔2020〕12号).
[2] 国务院第一次全国自然灾害综合风险普查领导小组办公室关于印发〈第一次全国自然灾害综合风险普查总体方案〉的通知(国灾险普办发〔2020〕2号).
[3] 国务院第一次全国自然灾害综合风险普查领导小组办公室关于进一步做好普查地方试点工作的通知(国灾险普办发〔2020〕4号).
[4] 国务院第一次全国自然灾害综合风险普查领导小组办公室关于印发〈第一次全国自然灾害综合风险普查工作进度安排〉的通知(国灾险普办发〔2020〕5号).
[5] 国务院第一次全国自然灾害综合风险普查领导小组办公室关于印发〈第一次全国自然灾害综合风险普查实施方案(修订版)〉的通知(国灾险普办发〔2021〕6号).
[6]《全国灾害综合风险普查总体方案》(应急管理部,2019).
[7]《第一次全国自然灾害综合风险普查总体方案》(国灾险普办,2020年).
[8]《第一次全国自然灾害综合风险普查实施方案》(试点版)(国灾险普办,2020年).
[9]《第一次全国自然灾害综合风险普查实施方案(修订版)》(国灾险普办,2021年).
[10]《湖南省第一次全国自然灾害综合风险普查总体方案》.
[11]《湖南省人民政府办公厅关于开展第一次全国自然灾害综合风险普查的通知》(湘政办发〔2020〕40号).
[12] 水利部有关暴雨频率图编制、中小流域洪水频率图编制、山丘区中小河流洪

水淹没图编制、洪水灾害隐患调查、洪水风险区划及防治区划和干旱灾害风险调查评估与区划编制技术要求.

[13]《暴雨频率图编制技术要求(试行)》.

[14]《中小流域洪水频率技术要求(试行)》.

[15]《洪水灾害隐患调查技术要求(试行)》.

[16]《山丘区中小河流洪水淹没图编制技术要求(试行)》.

[17]《洪水风险区划技术导则》.

[18]《洪水风险区划与防治区划编制技术要求》.

[19]《水旱灾害风险普查成果数据质检审核技术要求(试行)》.

[20]《洪水风险区划及防治区划编制补充技术要求》.

[21] 中华人民共和国行政区划代码:GB/T 2260—2007[S]. 北京:中国标准出版社,2007.

[22] 中国河流名称代码:SL 249—2012[S]. 北京:中国水利水电出版社,2012.

[23] 中国水库名称代码:SL 259—2000[S]. 北京:中国水利水电出版社,2012.

[24] 水利水电工程技术术语:SL 26—2012[S]. 北京:中国水利水电出版社,2012.

[25] 防洪标准:GB 50201—2014[S]. 北京:中国建筑出版社,2014.

[26] 区域旱情等级:GB/T 32135—2015[S]. 北京:中国标准出版社,2015.

[27] 干旱灾害等级标准:SL 663—2014[S]. 北京:中国水利水电出版社,2014.

[28] 治涝标准:SL 723—2016[S]. 北京:中国水利水电出版社,2016.

[29] 水利水电工程设计洪水计算规范:SL 44—2006[S]. 北京:中国水利水电出版社,2006.

[30] 水文调查规范:SL 196—97[S]. 北京:中国水利水电出版社,1997.

[31] 水文测量规范:SL 58—2014[S]. 北京:中国水利水电出版社,2014.

[32] 水文情报预报规范:GB/T 22482—2008[S]. 北京:中国标准出版社,2008.

[33] 堤防工程设计规范:GB 50286—2013[S]. 北京:中国计划出版社,2013.

[34] 堤防工程安全评价导则:SL/Z 679—2015[S]. 北京:中国水利水电出版社,2015.

[35] 洪水风险图编制导则：SL 483—2017[S]. 北京：中国水利水电出版社，2017.

[36] 蓄滞洪区设计规范：GB 50773—2012[S]. 北京：中国计划出版社，2012.

[37] 孙章丽，朱秀芳，潘耀忠，等．洪水灾害风险分析进展与展望[J]. 灾害学，2017，32(3)：125-130+136.

[38] 闻珺．洪水灾害风险分析与评价研究[D]. 南京：河海大学，2007.

[39] 胡嘉．MIKE21 水动力模型在北京市西部山区洪水防治调度方案中的应用[D]. 北京：清华大学，2016.

[40] 吴道喜．长江中游洪灾成因及防治策略研究[D]. 武汉：武汉大学，2005.

[41] 汤伟干．山区小流域山洪灾害模拟分析技术研究[D]. 南京：南京信息工程大学，2022.

[42] 邹新波．湖南省山洪灾害治理工程体系的安全性评价研究[D]. 长沙：湖南师范大学，2010.

[43] 龙岳林．湖南水旱灾害成因及水循环安全体系建设研究[D]. 长沙：湖南农业大学，2007.

[44] 汤喜春，卢晓明．湖南省水旱灾害成因及对策分析[J]. 中国防汛抗旱，2004，58(3)：12-16.

[45] 汤喜春，曾文刚．湖南山洪灾害防治县级非工程措施建设探索与实践[J]. 中国水利，2012，693(3)：49-50.

[46] 龙岳林，陈琼琳，黄璜，等．湖南山地即时水库防洪体系——体系的建立及其生态服务功能分析[J]. 自然灾害学报，2007(1)：101-103.

[47] 李细生，刘红年，张华，等．湖南"5・31"特大暴雨山洪成因及对策[J]. 水土保持研究，2006(4)：68-71.

[48] 湖南省山洪灾害特性及防御对策研究课题组．湖南山洪灾害防御试点研究[J]. 湖南水利水电，2003(4)：8-10.

[49] 任洪玉，张平仓，黄钰玲，等．中国山洪灾害的区域差异性研究——以湖南和陕西为例[J]. 中国农学通报，2006(8)：569-573.

[50] 罗文胜．洞庭湖流域特大洪水灾害研究综述[J]. 中国农村水利水电，2023，484(2)：35-40+45.

[51] 王协康,杨坡,孙桐,等. 山区小流域暴雨山洪灾害分区预警研究[J]. 工程科学与技术,2021,53(1):29-38.

[52] 孙章丽,朱秀芳,潘耀忠,等. 洪水灾害风险分析进展与展望[J]. 灾害学,2017,32(3):125-130+136.

[53] 方建,李梦婕,王静爱,等. 全球暴雨洪水灾害风险评估与制图[J]. 自然灾害学报,2015,24(1):1-8.

[54] 孙莉英,倪晋仁,蔡强国,等. 中国洪水灾害风险县(市)统计分布特征研究[J]. 自然资源学报,2013,28(3):391-401.

[55] 李春华,李宁,李建,等. 洪水灾害间接经济损失评估研究进展[J]. 自然灾害学报,2012,21(2):19-27.

[56] 莫宏伟,李少青,陶建军,等. 湘江湖南段洪水灾害综合风险区划[J]. 长江流域资源与环境,2011,20(11):1405-1410.

[57] 田玉刚,覃东华,杜渊会. 洞庭湖地区洪水灾害风险评估[J]. 灾害学,2011,26(3):56-60.

[58] 李发文,张行行,宫爱玺,等. 蓄滞洪区洪水灾害链式类型特征及防御措施研究[J]. 安全与环境学报,2011,11(5):252-255.

[59] 孙莉英,毛小苓,黄铮,等. 洪水灾害对区域可持续发展的长期影响分析[J]. 北京大学学报(自然科学版),2009,45(5):875-883.

[60] 陈彧,李江风,徐佳. 生态服务价值视角下湖北省长江流域防洪能力研究[J]. 长江流域资源与环境,2015,24(1):169-176.

附图

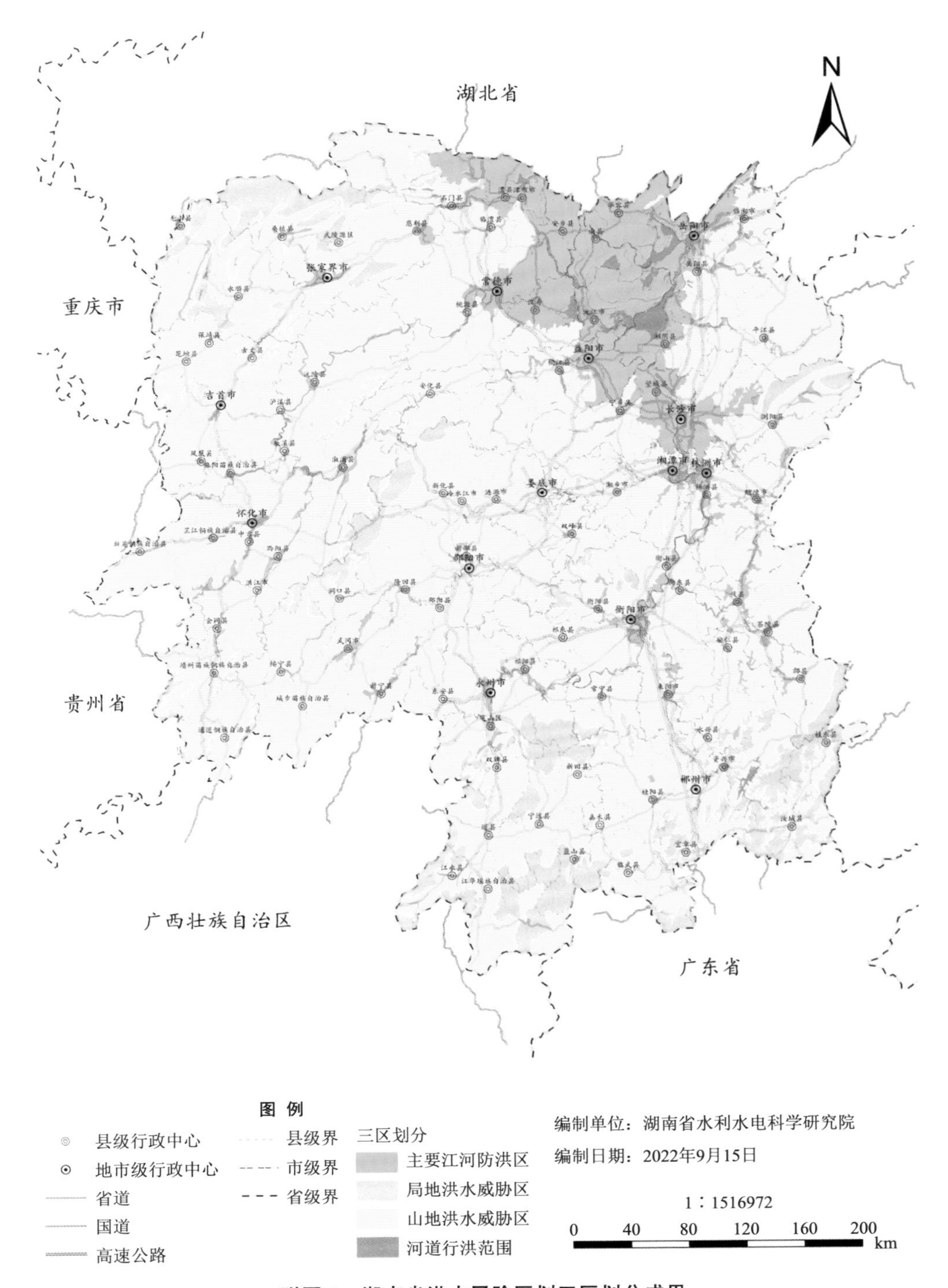

附图 1　湖南省洪水风险区划三区划分成果

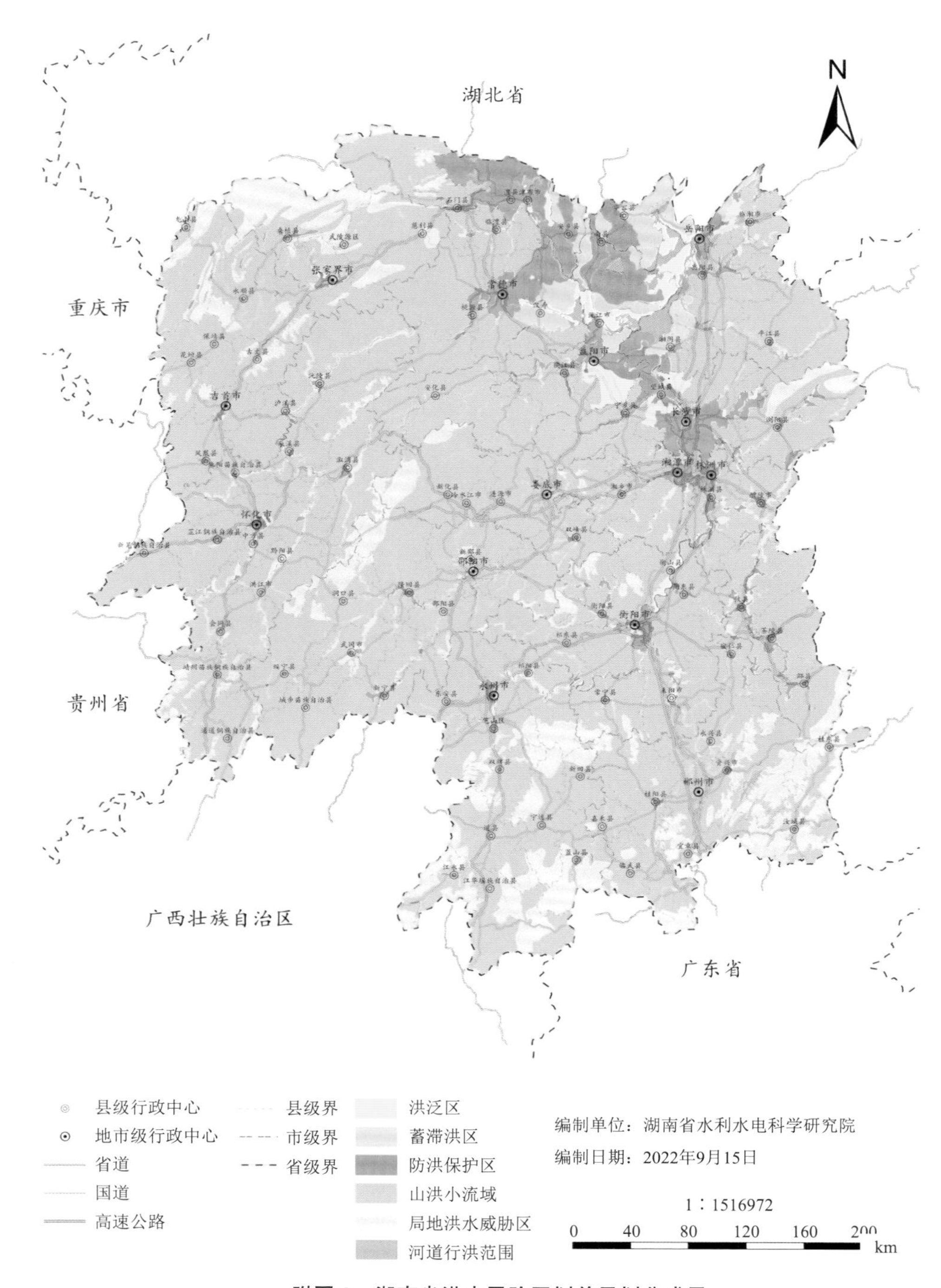

附图 2　湖南省洪水风险区划单元划分成果

附图3　湖南省山丘区中小河流5年一遇洪水淹没

附图 4　湖南省山丘区中小河流 10 年一遇洪水淹没

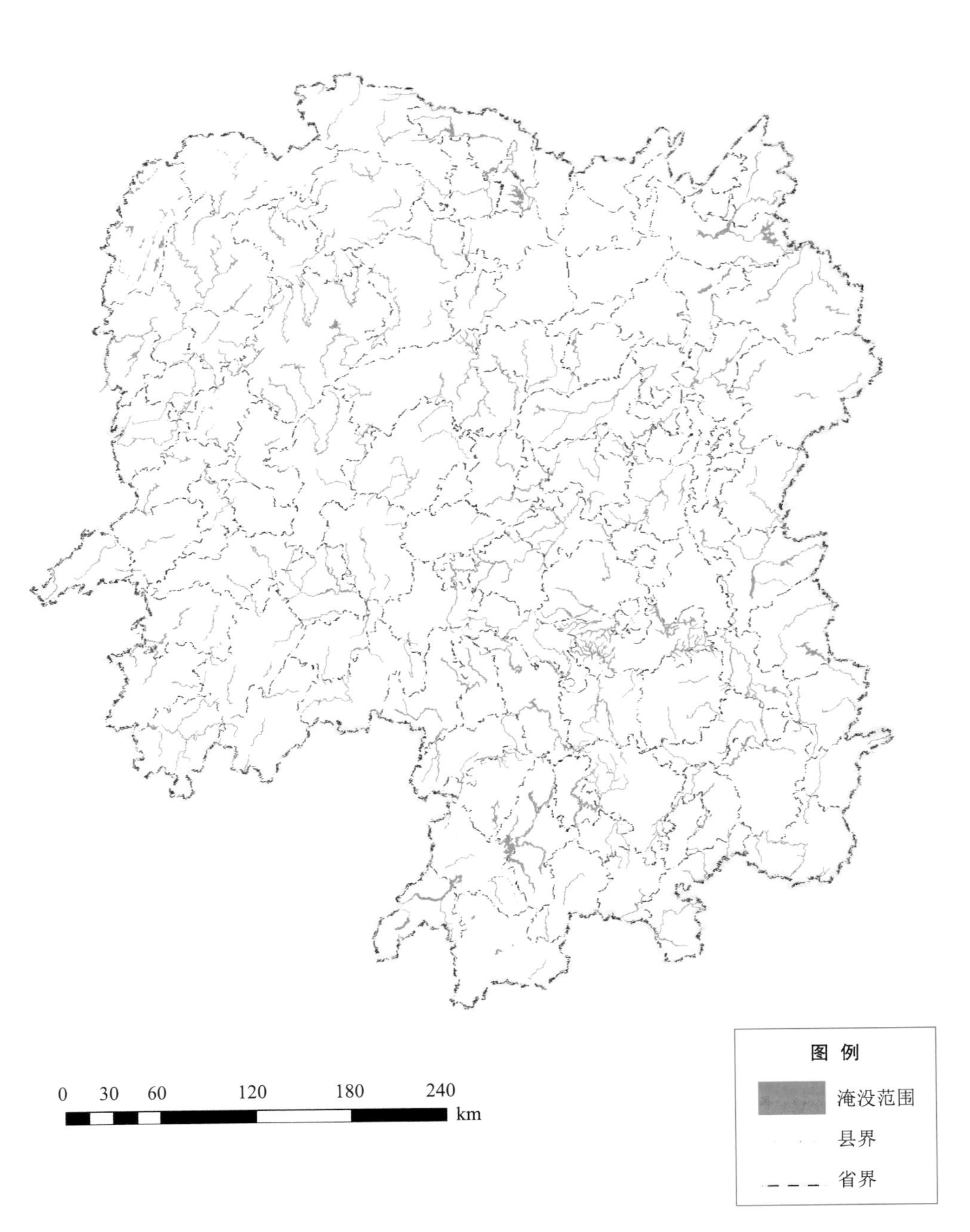

附图 5 湖南省山丘区中小河流 20 年一遇洪水淹没

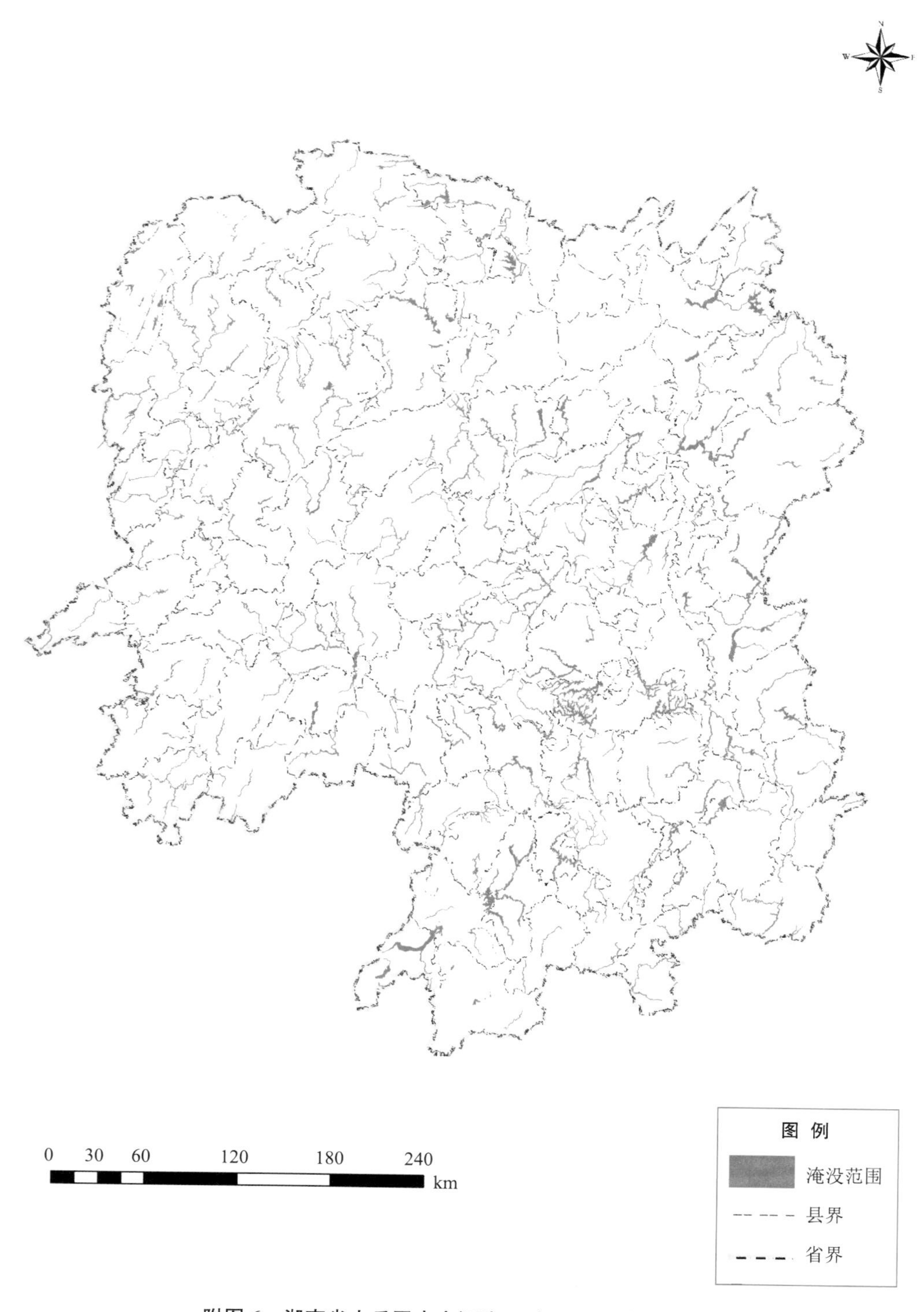

附图 6　湖南省山丘区中小河流 50 年一遇洪水淹没

附图 7　湖南省山丘区中小河流 100 年一遇洪水淹没

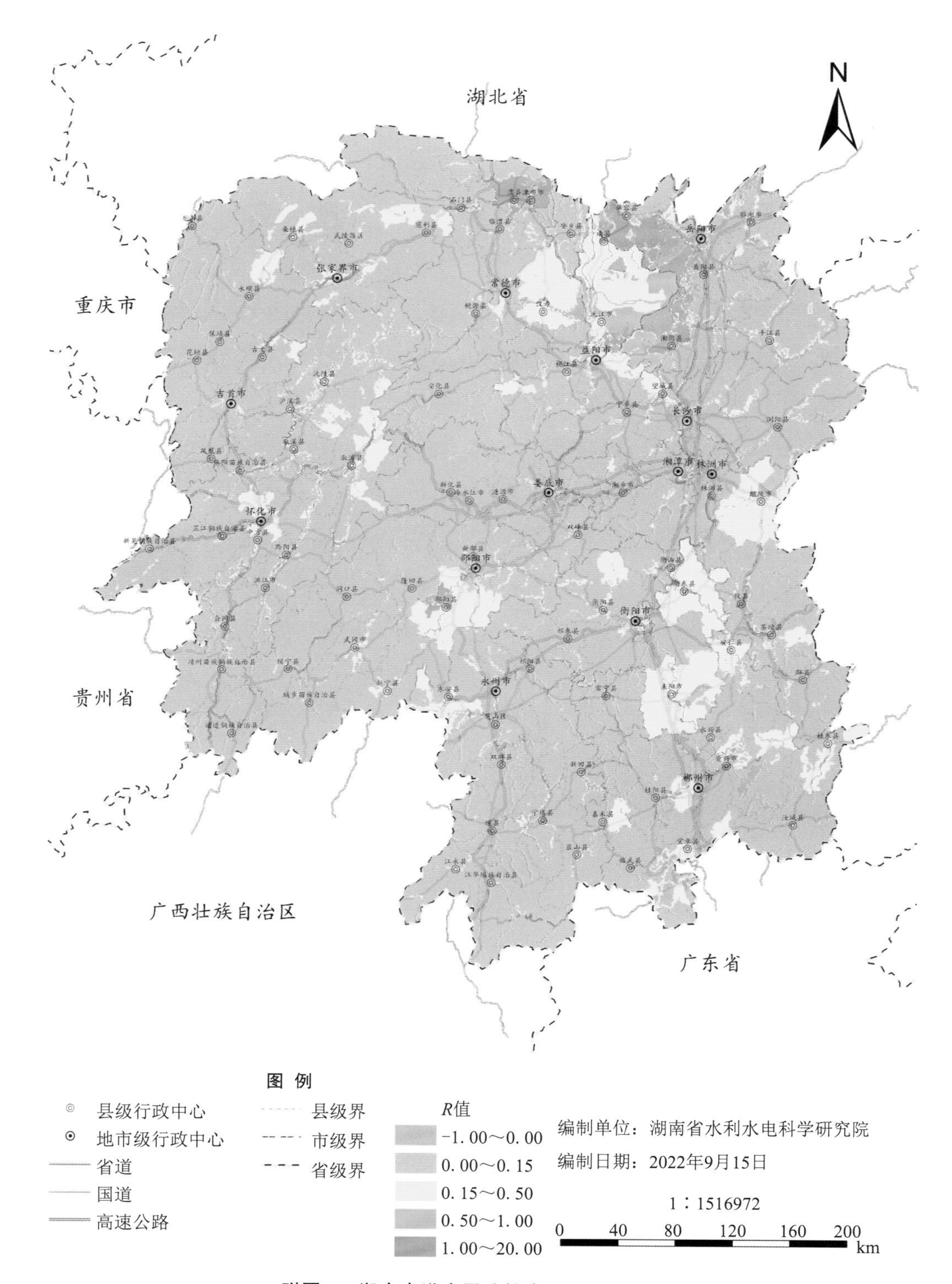

附图 8　湖南省洪水风险综合风险度 *R* 值成果

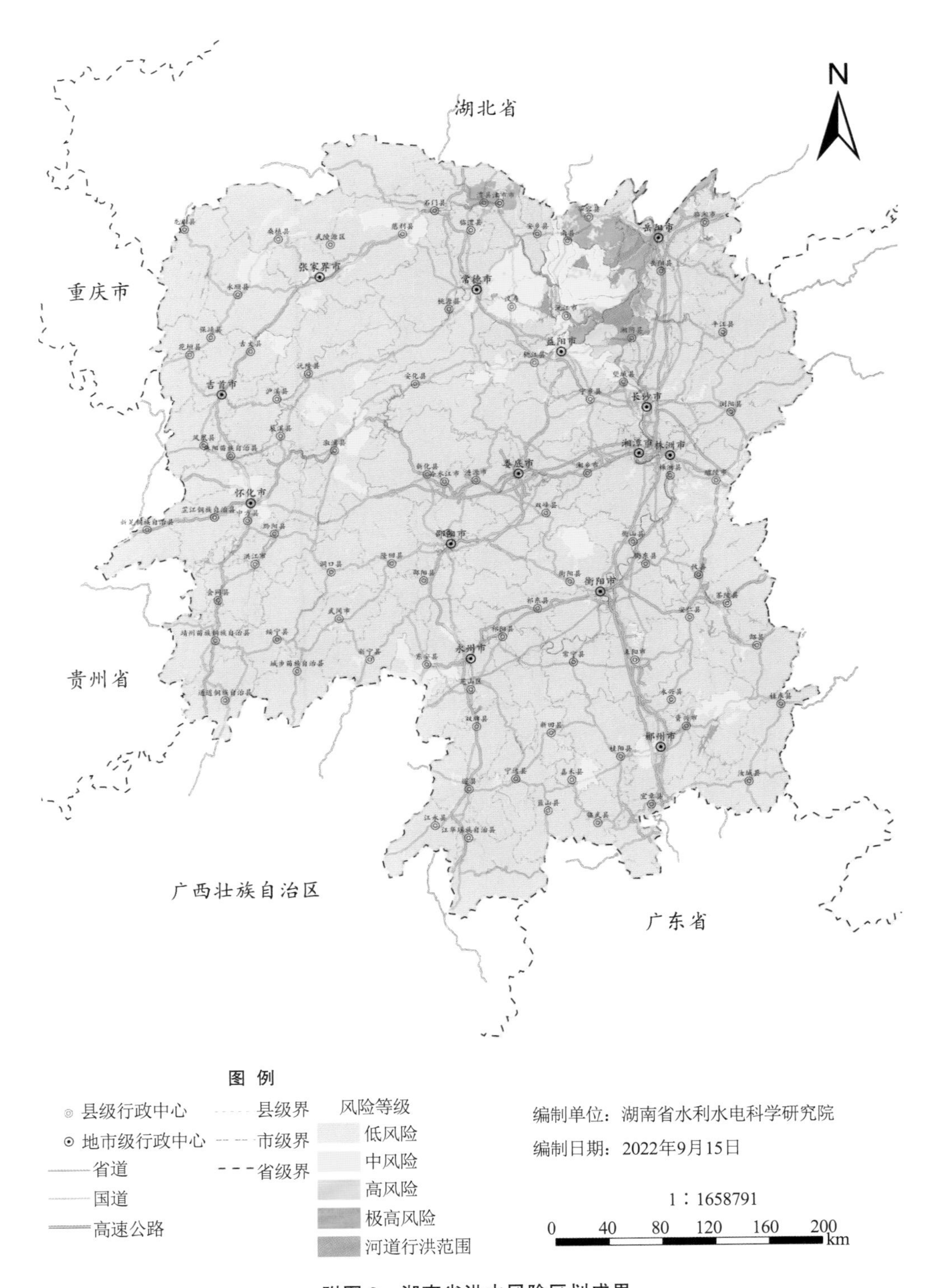

附图9 湖南省洪水风险区划成果

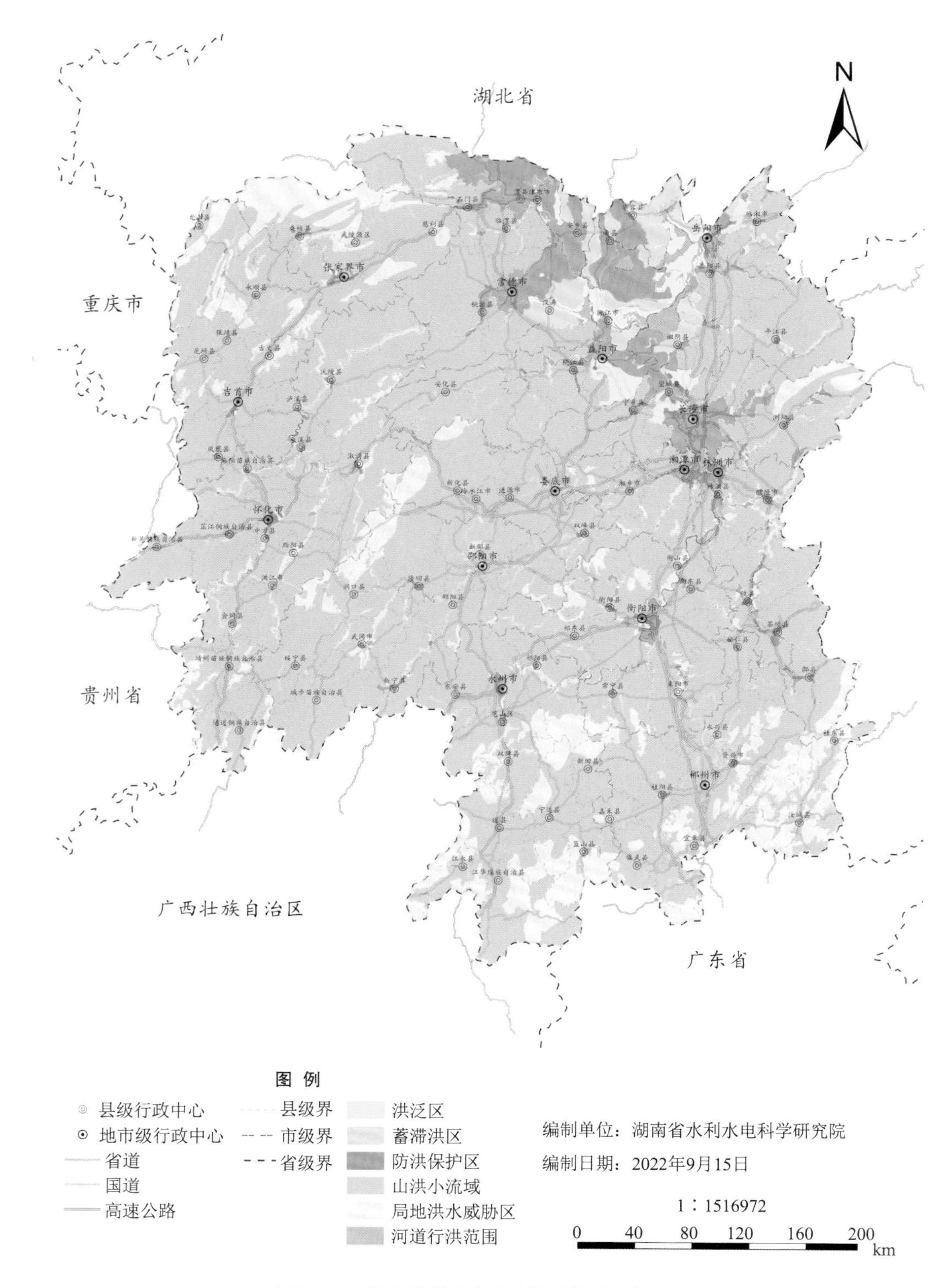

附图 10　湖南省洪水灾害防治区划单元划分成果

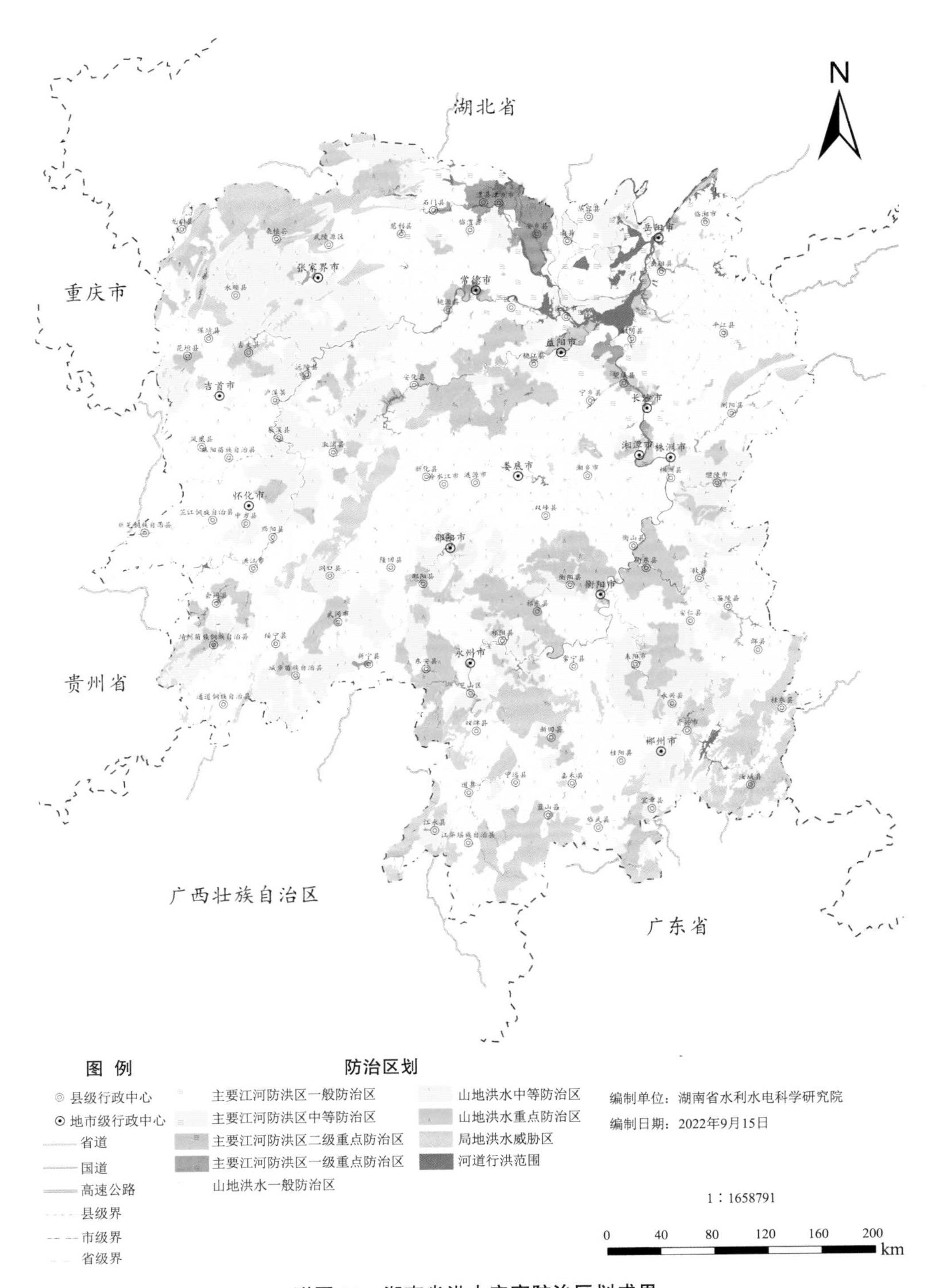

附图 11 湖南省洪水灾害防治区划成果

图书在版编目（CIP）数据

湖南省洪水风险区划及洪灾防治区划 / 魏永强等著 .
—武汉 ： 长江出版社，2023.9
ISBN 978-7-5492-9123-6
Ⅰ . ①湖… Ⅱ . ①魏… Ⅲ . ①洪水 – 水灾 – 风险分析 – 湖南
②洪水 – 水灾 – 灾害防治 – 湖南 Ⅳ . ① P426.616

中国国家版本馆 CIP 数据核字 (2023) 第 168959 号

湖南省洪水风险区划及洪灾防治区划
HUNANSHENGHONGSHUIFENGXIANQUHUAJIHONGZAIFANGZHIQUHUA
魏永强等　著

责任编辑： 郭利娜
装帧设计： 刘斯佳
出版发行： 长江出版社
地　　址： 武汉市江岸区解放大道 1863 号
邮　　编： 430010
网　　址： https://www.cjpress.cn
电　　话： 027-82926557（总编室）
027-82926806（市场营销部）
经　　销： 各地新华书店
印　　刷： 武汉新鸿业印务有限公司
规　　格： 787mm×1092mm
开　　本： 16
印　　张： 9.25
彩　　页： 4
字　　数： 210 千字
版　　次： 2023 年 9 月第 1 版
印　　次： 2023 年 9 月第 1 次
书　　号： ISBN 978-7-5492-9123-6
定　　价： 68.00 元